JN084472

高校生・化学宣言 PART 13

高校化学グランドコンテストドキュメンタリー

監修　中沢　浩（大阪市立大学大学院理学研究科特任教授）
小嵜正敏（大阪市立大学大学院理学研究科教授）
笹森貴裕（名古屋市立大学大学院理学研究科教授）

遊タイム出版

化学の不思議、「なぜ」「どうして」「どうやって」を知りたい皆さんへ

大阪大学
理事・副学長　中谷 和彦

　第16回高校化学グランドコンテストに、はじめて、それも審査員として参加させて頂きました。大阪市立大学は私の母校で、天王寺から阪和線に乗るあたりから、参加者らしき高校生の姿がちらほら。果たしてどんな研究発表が聞けるのか、そして、その発表を評価することができるのか、多少の不安と期待が入り混じりながら会場へ向かいました。会場全体がピーンと張り詰めた雰囲気の中、次々に発表される研究には、高校生の皆さんの創意と工夫が満載されていました。一生懸命発表される皆さんに、高校生の頃を思い出しました。

　私は、奈良県にある天理高等学校で学びました。クラブ活動として3年間、理研部化学班に所属し、恩師の故高倉高砂男先生のご指導のもと、ナンキンハゼの葉中のビタミンCについて、研究する機会を頂きました。研究すると言っても、先生の説明通りに電気化学的な方法で、ビタミンCの定量実験を繰り返していましたが、内容は難しく私には理解できませんでした。ただ、先生が手作りで実験装置を用意されていたこと、お部屋に置かれた恒温槽でいつも何か実験されていたお姿に、自分もこんな人生が送れたら楽しいだろうなと憧れ、研究者としての将来を強く意識しました。

　研究は楽しい。なぜ楽しいのか。それは、まだ見たことがないものを見れるから。自分が知らなかったことを、知ることが出来るところにあると思います。高校化学グランドコンテストに参加された皆さんは、研究活動を通じて「新しい何か」を、きっと見つけられたことでしょう。でも、その先にはまた次の「まだ知らないこと」がいっぱい散らばっていることに、気づかれたのではないでしょうか。それと同時に、「新しい何か」は、「誰」にとって新しいことなのかという疑問も湧いてきたのではないでしょうか。研究は楽しい反面、とても厳しいものです。「私にとって新しいこと」は、「私の勉強が足りなかった」だけなのか、それとも、「他の人にとっても新しいこと」なのか。発表された研究について皆さんは、いろいろな意見を受け取られたことだと思います。この意見こそ、皆さんが次の「新しいこと」、そして「誰もが知りたいと思った不思議」に挑む貴重な手がかりになるはずです。是非、大切に、そして深く考えて頂きたいと思います。

　私達の回りには「なぜ」「どうして」「どうやって」と化学的な不思議がいっぱいです。「新しいことを探す」貴重な研究を経験された皆さんには、この知的好奇心を大学での勉強、社会に出てからの仕事、そしてなにより、皆さんの人生に活かされることを、心より願っています。

高校生・化学宣言PART13 高校化学グランドコンテストドキュメンタリー
CONTENTS

Chapter 1

文部科学大臣賞
受賞

微小生物「ミカヅキモ」で汚染水の処理

福島成蹊高等学校
自然科学部

Members
遠藤瑞季、加納清矢、根本佳祐

指導教員
山本剛、Lilian E. C. Yoneda

研 究 概 要

　8年前の原発事故が原因で発生した汚染水（現在約110万トン）が、福島第一原発敷地内のタンクに保管されています。この汚染水の処理を私たちが培養している「ミカヅキモ」を使ってできないか、先輩から研究を受継ぎながら進めてきました。先行研究では、効率の良いSr^{2+}の吸収条件の確立のためにLEDの波長を変えることで、吸収量に違いが見られるのか検証しました。結果、ミカヅキモの効率の良いSr^{2+}の吸収には赤の波長が効果的であることが明らかになりました。

　本研究では、実際に細胞内にどのくらいのSrを吸収しているのか検証するために、原子吸光光度計を用いたSr吸収量の定量を行い、また先行研究にて赤色の波長がSr吸収に効果的であったのは光合成が関係していると考え、光合成阻害剤（DCMU）を用いて高分解能走査型電子顕微鏡（SEM-EDX）で観察を行いました。その結果、ミカヅキモは細胞内にSrを吸収し、吸収には光合成が関係することが明らかになりました。

ミカヅキモ

1 研究のはじまり

　この研究は、震災後に先輩がはじめた微小生物調査が発端です。当時は屋外活動が制限されており、私たちの周りで何が起こっているのかわからず不安でした。特に、放射性物質の問題が連日報道され、放射線の影響を考えない日はありませんでした。そのなかで放射線の影響を受けやすいのは微小生物ではないかと思い、微小生物調査を開始しました。

　最初の問題は、微小生物調査の場所をどこにするかでした。学校近くの水田は作付け制限されていたので、微小生物調査ができませんでした。そこで、学校近くの茶屋沼にて実施することを試みました。しかし、茶屋沼は当時放射線量が高かった渡利地区にあり、活動時間をどれぐらいにするかが問題でした。先輩たちは福島大学共生システム理工学類の難波謙二先生に相談し、空間放射線量を確認しながら1時間程度、月に1度必ず調査しました（現在も継続中です）。

茶屋沼での活動

9

　調査を開始し、茶屋沼には四季を通して様々な微小生物がいることがわかり、採集した微小生物のなかで先輩が着目したのが藻類の一つであるミカヅキモ（*Closterium moniliferum*）でした。インターネットでミカヅキモについて検索すると、放射性物質である^{90}Srを細胞内に吸収する可能性があることがわかり、ミカヅキモの研究者である島根大学教育学部の大谷修司先生にミカヅキモの可能性について相談しました。当時のインターネットの情報に間違いがたくさんあり、採集したミカヅキモを用いて汚染水中の^{90}Srの処理が本当にできるのかを確認すべく研究を開始しました。

　しかし第2の問題が発生します。ミカヅキモを高校の理科室で一年中培養できる環境をどうやって作るかでした。当時、自然科学部は震災の関係で予算もほとんどなく、顧問の菅野治先生と山本剛先生が獲得してきた外部資金で購入した観察用の顕微鏡が1台あっただけでした。そこで、かれん先輩が大谷先生から二相培地法（試験管、土、水などでできる簡易的な培養方法）を教えてもらい、当時のメンバーで学校中の土を採取しては試し、ミカヅキ

モの培養に適したものを探し続けました。その結果、12月のクリスマスの頃にはじめてミカヅキモの培養に成功し研究が一年中できるようになりました。

　最初の2年間で取組んだのは「本当にミカヅキモが Sr を吸収するのか」です。かれん先輩は、溶液中の電気伝導度の変化を用いて、ミカヅキモが Sr を吸収している可能性があることを明らかにしました。3年目は美華先輩に研究が引き継がれ、難波先生にお願いし、ミカヅキモ（*C. moniliferum*）の観察を高分解能走査型電子顕微鏡で実施し、細胞内に Sr が存在することを明らかにしました。また、大谷先生に提供いただいた日本のミカヅキモの中で最も大きい *Closterium lunula* も培養に成功し、Sr を吸収している可能性を明らかにしました。4年目は知希先輩が引き継ぎ、Sr を吸収する上で、溶液の体積に対するミカヅキモの細胞数に適正な数があることを明らかにしました。そして、ミカヅキモ（*C. lunula*）の高分解能走査型電子顕微鏡での観察を実施し、細胞内に Sr が存在することも明らかにしました。5年目は観月先輩が引き継ぎ、キレート滴定を用いて、ミカヅキモ（*C. moniliferum*、*C. lunula*）1細胞当たりの Sr 吸収量を明らかにしました。さらに、光学顕微鏡で観察し細胞内の顆粒が経時的に増加していくことを発見しました。6年目は亜美先輩に引き継がれ、赤色 LED と白色 LED を用いてミカヅキモ（*C. moniliferum*、*C. lunula*）1細胞当たりの Sr 吸収量を高めることに成功し、Sr 吸収には光の波長と光量子量が重要であることを明らかにしました。また、*C. lunula* が *C. moniliferum* より短時間での Sr 吸収に優れていることも明らかにしました。7年目は佑月先輩が引き継ぎ、LED（赤、白、緑、青）の波長を変化させ、赤色の波長によって Sr 吸収量が最大となることを明らかにしました。また、名古屋市立大学総合生命理学部の櫻井宣彦先生に相談し、原子吸光光度計を用いて、細胞内に吸収した Sr 量を明らかにしました。

大谷先生との実習

櫻井先生との原子吸光光度計を用いた実験

2 私たちの研究

　8年目は、亜美先輩、佑月先輩と一緒に研究を続けてきた私たちが研究を引き継ぐことになりました。実際の汚染水中のSr濃度が低いことから、先輩たちの研究してきた濃度の100分の1にして実験を実施しました。また、ミカヅキモのSr吸収に光合成が関係していることをどうやって証明するかを皆で話し合いました。研究発表会でお会いした東京薬科大学生命科学部の都筑幹夫先生にも相談し、提供いただいた光合成阻害剤（DCMU）を用いての実験もスタートさせました。

　実験で苦労したことは、光合成阻害剤の効果を調べるために、何度も何細胞も繰り返し染色し、光学顕微鏡で観察したことです。なかなか上手く染色できず、良い写真も撮れず大変でした。また、やっとの思いで作製したサンプルを持って難波先生に高分解能走査型電子顕微鏡での観察をお願いに行き、先生の前で研究目的をプレゼンし、観察許可をいただきました。実際に観察がはじまると、休憩もせずに夢中になって観察し、感動の連続でした。あっという間に時間が過ぎ、昼から始まった観察も8時間が経過していました。終了間際になって、大学のコンピュータの不具合で観察データの一部が取り出せなくなってしまい、人生の終わりかと思うくらい、ついてないなと思いました。天国から地獄へ突き落された瞬間でした。

11

コンピュータの不具合で
観測データが
取出せません

しかし、これで終わらないのが私たちです。難波先生に再度観察したいことを伝え、さらに良いサンプルを作製すると誓い、研究に励みました。その結果、再度観察できることが決まりました。観察がはじまり、細胞の表面、細胞内と様子が次々と明らかとなり、前回以上に感動の連続でした。新たな発見が次々あり、夢のような時間でした。その結果、ついに光合成が Sr 吸収に関係していることが明らかになりました。

都築先生とのディスカッション

難波先生との電子顕微鏡観察

3 高校化学グランドコンテストにて

　高校化学グランドコンテストにエントリーし、9月に一次審査の結果が発表されました。私たちは、一次審査を通過し、全国130件の応募の中から、10チームが選ばれる口頭発表に選出されたことがわかりました。いままでにない喜びが込み上げるのと同時に、昨年見学した英語での口頭発表の様子を思い出しました。発表12分、質疑応答2分、どうすればいいのか、しかも発表順を見ると最後でした。

　私たちは、困ったときはいつもリリアン先生に相談します。今回もリリアン先生の元を3人で訪ねました。リリアン先生に言われたことは、「良かったね。日本一を目指そう！」でした。いままで日本語でしか発表したことのなかった私たちにとって、「日本一？」。その日からとてもハードな英語での発表の準備がスタートしました。先ず、日本語でのスライドと日本語での原稿を作成し、リリアン先生と一緒に英語に直していく作業がはじまりました。発表まで約一カ月、しかも中間テストがあり、3年生の瑞季は口頭発表の1週間前に入試があり、大阪に向かう前日に合格発表もありました。原稿も見

ずに、本当に英語で口頭発表出来るのだろうかと不安に思いながら、3人で協力し、何度もリリアン先生との練習をへてすべての準備を終えました。

　前日リハーサル会場に向かうと他校の発表者がリハーサル中でした。英語で発表している姿を見て、緊張が高まってきました。実際に、スライドが正常に動くことを確認し、無事リハーサルを終えました。その日の夜ははじめての道頓堀で、お好み焼きとたこ焼きを食べ、大満足でした。その後、ホテルにて3人で集合して、できるまで何度も何度も発表練習を行いました。当日の朝、男子のメンバーが寝坊し、朝食会場に遅れて登場。朝食もそこそこに会場に向かいました。

　いよいよ発表です。他校の発表がどんどん進んでいき、私たちの緊張もピークに達し、私たちの発表がはじまりました。「練習の通りに発表しよう！」と、3人で発表前に確認したのですが、発表するとすぐにスライドが動かないトラブルが発生し、ポインターも使用できず、大きなスクリーンの前に立ち、手振り身振りを使いながら、順番にスライドを動かし、12分を乗り切りました。いつの間にか質疑応答も無事終え、最後に大きな拍手をいただきました。

13

4 受賞の瞬間

　ポスター発表から賞が紹介され、表彰式がスタートしました。口頭発表に進み、どんどん賞が発表されます。私たちは呼ばれず、あっという間に最後の表彰へ。前日のリハーサルの前に、会場入り口にある日本一を意味する文部科学大臣賞のトロフィーを見て、リリアン先生から「明日、これを持って帰るよ！」と声を掛けられたことを思い出しながら、最後の発表を聞きました。私たちの名前が呼ばれました。壇上に上がると昨日見たトロフィーが渡され、うれしさのあまり涙がとまらなくなりました。

5 メンバーより

　本研究は先輩が原発事故をきっかけに、福島の復興に少しでも貢献したいという気持ちからはじまりました。先輩が大切にしてきたこの研究を引き継いで行い、発表できることを誇りに思います。いま汚染水が残り3年で満杯

になると言われていて、汚染水を海に放流すると、地元の方々が風評被害を受けます。福島のために少しでも貢献できるように、研究をさらに発展させていきます。最後に、研究は多くの方々のご協力によって発展しました。支援いただいた多くの方々に感謝の気持ちを忘れずに、今後も研究を進めていきたいです。

遠藤　瑞季

　今回、このような賞をいただき本当にうれしく思います。先輩方の支えがあっての賞だと思います。私は、高校3年生で卒業が近いですが、最後まで研究活動に励み、後輩を後押しするつもりです。

加納　清矢

　今回、このような賞をいただいて本当にうれしく思います。この研究は先輩から続いてきたものであり、実験や発表練習では大変なこともありましたが、頑張ってきて本当に良かったと思います。2月にある台湾大会に向けて、より一層練習を行い、研究の発展に励んでいくと共に、私は藻類の新しい形での大量培養法の確立を目指します。

根本　佳祐

6 最後に

　本研究は、長年に渡って様々な人々に支えられながら研究を継続させてきました。途中、実験が上手くできなくて、研究から逃げ出したいと思う場面もありましたし、本当に研究を続けていけるのか不安なときもありました。しかし、様々な研究発表会に参加し、その中で「復興のためにも研究を頑張ってね」や「去年よりも研究が一歩前に前進したね」と大学や企業の様々な研究者の方々に声をかけていただき、研究の励みになりました。研究のためにサポートいただいたすべての方々に感謝申し上げます。

　研究は汚染水の問題が解決しない限り、今後も後輩たちが継続して取り組んでいきます。この問題を風化させないためにも私たち高校生が福島から情報発信していくことは重要です。台湾での国際大会でもしっかり伝えるつもりです。今後も私たちの活動を応援してください。

7 指導教員からのメッセージ

　今年度も色々ありましたが、あなた方自身が自分の手で取り組んだことは、すべてあなた方の力になったと思います。また、あなた方が自ら行動したことがこの大きな賞に結びついたと思います。自分で考え、自分の意志で行動し、新たにあなた方をサポートしてくれる人々に出会うこともできたと思います。常に感謝の気持ちを忘れずに、今後は誰かを支えてあげる人物になっくください。後輩たちには、大きなプレッシャーとなったことかもしれませんが、今後も自分たちのために継続して研究に励んで欲しいと思います。今後のますますの活躍を期待しています。

山本　剛

You can dream it !
You can do it !

by Lilian E.C. Yoneda

8 伝説エピソード

　私たちの先輩の伝説エピソードを紹介します。一人目は、私たちの研究の基礎を築いてくれた、かれん先輩です。大学入試の面接で、「ノーベル賞を取ります」と発言し、大学の先生から「君なら取れるから、頑張りなさい」と声を掛けられ、大学に合格しました。現在、夢の実現に向け、試行錯誤中。私たちも何度かお会いしましたが、面白いけどちょっと不思議な偉大な先輩です。二人目は、諒先輩です。入部初日に、「文部科学大臣賞が取りたいです」と発言。周囲がドン引きしましたが、偉大な先輩たちを味方にし、大学の様々な先生方とディスカッションを重ね、日本水大賞にて、文部科学大臣賞を受

賞しました。私たちにもときどき実験のサポートやアドバイスをしてくれました。物静かですが、研究に対しては粘り強くコツコツ取り組む偉大な先輩です。

　私たちのメンバーもついに伝説入りです。私、瑞季は、入部後、「英語で発表したいです。国際大会に出場したいです」と宣言。先輩たちから冷たい視線が。しかし、このグランドコンテストで文部科学大臣賞を受賞し、台湾で発表することが決まりました。口頭発表が決まったとき、研修旅行で台湾にいったことのある私と清矢で、「行ったことのない佳祐を台湾に連れて行くぞ！」と決めました。まさか実現できるとは。台湾でも日本代表として、3人で一等賞を取ります！

16

Chapter 2

大阪市長賞
受賞

発見！ハルジオンの抗菌作用

—抗菌の原理と抗菌物質の解明—

東京都立多摩科学技術高等学校

（バイオテクノロジー領域）

Members
齋藤美弥、熊代瑛

指導教員
橋本利彦

研 究 概 要

　雑草の根を利用して、細胞から培養しようと試みたところ雑菌が多くタンポポや万年草はコンタミネーションをおこしていました。しかし、ハルジオンのみがコンタミネーションがなく不思議に思いました。ハルジオンの抗菌効果の文献は見当たらず、調べることにしました。大腸菌、納豆菌そして黒カビの3種を用いて実験を行った結果、ハルジオンには抗菌効果があることを発見しました。

　ハルジオンの抗菌効果のメカニズムを解明するため、モデル生体膜をもちいて実験を行いました。結果としては、脂質二重層を壊していることが判明しました。

　さらにハルジオンの抗菌物質を調べるため、高速液体クロマトグラフィーを使って実験を行いました。溶出時間からサンプルを回収し、抗菌効果を調べると共にいくつかのポリフェノール類と比較して実験を行いました。その結果、ハルジオンに含まれる抗菌物質の一つとしてクロロゲン酸が含まれていることがわかりました。

1 はじめに

　私たちが通う東京都立多摩科学技術高等学校は、普通高校と異なり理系大学進学を目指す高校です。よって、学ぶ授業も学校の設備も科学に特化しており工学系や化学系、生物系など幅広く科学を学んでいます。2年生からは、専門性を高める授業を選択することができ、私たちはバイオテクノロジーについて学んでいます。内容としては、生化学や植物バイオ、微生物学、食品化学、DNA などです。

　私たちが発表した実験内容は、昨年卒業した先輩から直接受け継いだ内容を発展したものであり、来年は受験もあるため最後の高校化学グランドコンテストだと思って挑戦しました。

2 研究の方向性

19

　高校生活ではじめての発表会が、昨年の高校化学グランドコンテストでした。春から実験を繰り返し行い、9月ごろに先生から「グラコン出す？」と聞かれ「はい」と答えてしまいました。その時は何気なく返事したもののポスター発表だと思っていたら、入学してまだ半年の1年生なのにデビューが英語での口頭発表というハードルの高さでした。しかしながら、3年生の先輩にリードしてもらい、また、英語の先生に何度も指導してもらいながら必死に発表練習も行いました。結果は、第一三共賞と審査員長賞でした。そして、ここから先輩は受験に力を入れ、私たちが研究を進めることになりました。（『高校生・化学宣言12』・P46参照）

　昨年の高校化学グランドコンテストから今年までの間に、いくつかの発表会に出場しました。最も多い質問は「抗菌物質は何か？」でした。先輩がハルジオンに抗菌効果があることを発見し、私たちも「どんな物質が抗菌効果として作用しているのだろうか？」と疑問に思っていました。しかしながら、物質の特定には時間と比較するための多くの純物質が必要であると考えてあきらめていました。

　抗菌物質の特定の他にできる実験を考えた結果、「抗菌効果のメカニズムを解明すること」でした。さらに実験は発展して、抗菌ペプチドの可能性や揮発性物質の疑いなどを研究したのですが、行き詰った私たちは3月のジュ

ニア農芸化学会で東京都立科学技術高等学校の先生から「やっぱり抗菌性物質がわかった方が良いよ。考えられる実験方法としては…」の助言で火が付きました。そして、季節はちょうど春であったためサンプルのハルジオンが多量に回収できる時期でした。

3 発表会の経緯

　高校化学グランドコンテストの後、私たちは東京都理科研究発表会、東京都高等学校工業科生徒研究成果発表会、首都圏オープン2019、ジュニア農芸化学会と実験結果が増える毎に出場しました。そこでの評価は、生化学を評価して頂ける高校化学グランドコンテストやジュニア農芸化学会と相性がよく、ジャンルを問わない首都圏オープンでも好評価をいただけました。しかし、専門分野が異なる工業科生徒研究成果発表会では説明が難しく、東京都理科研究発表会では生物部門で出場したのですが、純粋な生物（生き物を使った実験）ではないため苦戦しました。しかしながら、生化学の分野として評価してもらえる大会では、より専門的なアドバイスをいただき、専門外では異なる角度から研究テーマをみていただけ視野が広がりました。さらに、夏にシンガポールに行って研究発表会をしました。ポスターセッションでしたが英語での発表、質疑応答など高校化学グランドコンテストの経験が役に立ちました。

　研究の他に発表会での質疑応答、交流会などを通じた経験やディスカッションのなかから次のアイディアが増えていきました。

4 研究の方向性

　ハルジオンの抗菌効果がある物質を特定するためには、それぞれの物質を分離する必要があると思いました。はじめに薄層クロマトグラフィーを利用して分離しました。乾燥させて溶媒の影響を受けないようにした後、大腸菌

を混入させたデソキシコレート寒天培地に薄層プレートの分離した面が接触するように置き、抗菌効果を調べました。結果としては、判断しづらいくらいの薄い反応でした。そして、最大の問題は、結果がわかったとしても抗菌物質を断定するのに次のステップに進みづらいことでした。

　薄層クロマトグラフィーから高速液体クロマトグラフィー（HPLC）に切り替えて実験を行うことにしました。条件としては、

①ハルジオンの成分をできるだけ分離すること

②廃液を溶出時間ごとに回収して抗菌効果を調べるため、移動相は有機溶媒を使用しないこと

の２点を重視して実験方法を調べました。また、抽出液も有機溶媒の影響を受けないように抽出しました。有機溶媒を利用しないで HPLC をかけることは、カラムへの負担が非常に高いため先生の表情が暗かったことを思い出します。

5 HPLC の条件探しと実験

21

　ハルジオンを HPLC にかけるにあたり、溶媒は文献を参考にリン酸バッファー（PBS）を使用することにしました。また、実験は１回ごとにメタノールで洗浄して行っていたため、非常に時間がかかりました。何度も繰り返し実験をして安定した結果を得られるようになった時は、一歩ずつ実験が進んでいると実感しました。

　また、学校にあったポリフェノール類は、エピガロカテキンガレート、エピカテキンガレート、カフェイン、カフェイン酸、クロロゲン酸、フェルラ酸などがありました。ハルジオンを HPLC にかけた条件と同じにしながら、以上のポリフェノール類を１本ずつ調べていくとクロロゲン酸のピークと同じ溶出時間のところに、ハルジオンから得られたものにもピークがあることがわかりました。しかしながら、ハルジオンの方は微小なピークであったため、感度を上げて再度調べた結果、やはりクロロゲン酸と同じ溶出時間にピークがくるのを確認しました。さらに幸運なことに、ハルジオンのピークは18分ごろまで様々な物質が入り混じりながら検出していましたが、クロロゲン酸のピークは23分ごろに一つだけポツンと山があったため「やった！」と思い、ゾクゾクしました。

6 抗菌性の確認

　HPLC を利用してハルジオンから分離した抽出物とクロロゲン酸、空試験（PBS のみ）の抗菌効果を調べました。

　結果としては、空試験である PBS は抗菌効果がありませんでしたが、クロロゲン酸とクロロゲン酸と同じ溶出時間のものでは抗菌効果を確認することができました。

　さらに文献を調べているとクロロゲン酸の抗菌効果は細胞膜を壊すことによって作用しているらしく、モデル生体膜で調べた結果と類似していたため発見から確信へと変わりました。

7 2回目の高校化学グランドコンテストへ

　今年も先生が「出す？」と聞いてきました。返事はもちろん「はい！」です。口頭発表でもポスター発表でも高校化学グランドコンテストは思い出の発表会であり、先輩の意思を引き継いで発展しきた研究内容であったためぜひ参加したいと思っていました。

　発表要旨を作成して先生に提出しました。結果を待っていると、今年も口頭発表になりました。昨年は「英語での発表…、どうしよう…」と恐怖でしかなかった大会でしたが、今年は「よし！　やるか！」という前向きな気持ちでした。

　しかしながら、すぐに発表準備をさせてくれないのが顧問の先生です。「スライドだけ作ったら、原稿をはじめ練習は中間試験が終わってからにしなさい」という一言で準備期間が非常に短くなってしまいました。

8 出発からリハーサルまで

　スライドを見直しながら原稿をつくりました。昨年の経験や夏のシンガポールでの発表会が役に立ち、昨年より原稿づくりはスムーズでした。英語の先生にチェックしてもらい完成しました。

　出発当日、新幹線の中で2人のパートを再確認しながら大阪到着です。はじめての大阪は路線が複雑でエスカレーターが東京と乗っている位置が左右

逆でした。そして、会場に着いて、いよいよ受付開始です。昨年の名古屋市立大学の会場はフラットな部屋で圧迫感がありませんでしたが、今年の会場は段差になっていたため全体的に見渡せたため少し緊張しました。

　リハーサルの後は、ポスター発表を見学して早めに宿に行きました。理由は単純で発表練習の時間をとるためです。夕飯を早々に終わらせ、練習をしてから就寝しました。

9 先輩からのメッセージ

　昨年、一緒に発表をした先輩からメールが届いていました。卒業後も心配してくれていたのが嬉しく、この発表は先輩の思いも含まれていることを胸に発表に挑みました。

10 発表

23

　5番目の発表なので、時間があり他校の発表を楽しく聞きながら、4番目の発表時に準備に取り掛かりました。昨年は、緊張でいっぱいでしたが今年は早く聞いて欲しいという気持ちでいっぱいでした。発表は全体を見渡しながら、ひとりひとりに聞いてもらえるように意識して説明を行いました。発表時間も充分あったため落ち着いて発表することができました。

11 結果

　昨年は、第一三共賞と審査員特別賞を受賞しました。第一三共賞では電子黒板を副賞でいただき、発表会のレイアウトや研究方針のメモなど非常に役立っています。よって、今年も第一三共賞を意識していました。

　ただ私たちの名はずっと呼ばれませんでした。そして、読売新聞社賞や三大学学長賞まで呼ばれなかったため「金賞かな？　今年も英語で発表できたことに感謝だな」と思った瞬間です。「大阪市長賞、東京都立多摩科学技術高等学校」と呼ばれました。一瞬、自分の耳を疑いました。先生は写真撮影の準備をしようとしていた矢先、先生も壇上に上がるように言われて焦っていました。私たちも予想以上の評価をして頂いてドキドキしているし、言葉

では言い表せないほど舞い上がっていました。

12 帰路

　表彰後の帰路は、慌ただしかったです。上位3チームが呼ばれ説明を20分ほど受けてから帰ります。受賞した実感よりも帰りの新幹線の時間に間に合うよう、急ぎ新大阪を目指しました。新大阪に着くとやっと落ち着きました。そして、多くの祝いのメッセージの中に先輩からのメールが届いていて嬉しかったです。

13 顧問より

　今回の高校化学グランドコンテストも色々とお世話になりました。生徒たちは、昨年に比べ大きく成長していたことに驚きを感じています。いつもは近くにいて気が付かなかったのですが、まず英語力です。昨年、一緒に発表をした吉住さんは、発表後の学力が目覚ましく伸び、特に英語にも自信がついたのかセンター試験を経て国公立大学に合格する結果を出しました。

　今回発表した2年生の2人も机上の成績では計り知れない成長を見せています。元々、まじめな生徒たちですが更に応用力、思考力、発表能力と力を

つけている事に顧問としても誇りに思います。

　このような発表会のチャンスを与えてくれた高校化学グランドコンテストの実行委員会の方々やその他、運営に関わった方々、本校においても実験や発表に携わった先生方に感謝したいと思います。本当にありがとうございました。

25

おもしろ化学の疑問Q1

恐竜の生きていた時代の大気中の
二酸化炭素濃度は？

A1 　大気中の二酸化炭素濃度は年々上昇していて、地球温暖化の原因であるとしばしば言われています。2019 年現在、大気中の二酸化炭素濃度は 410 ppm 程度です。このまま二酸化炭素濃度が増え続けると、人体に悪影響が出るようになり、2000 ppm ほどで頭痛や眠気、吐き気を催し、5000 ppm ほどでまともな活動の限界を迎え、40000 ppm を超えると脳へのダメージの恐れがあり、最悪の場合、死に至ると言われています。

　ところで、地球の歴史上で、今よりも遥かに二酸化炭素濃度が高かった時代があったのをご存じでしょうか？　それは 1 億年ほど前の白亜紀の時代です。ティラノサウルスなどの大型の恐竜が闊歩していた時代ですね。この時代の大気中の二酸化炭素濃度は 2000 ppm ほどあったそうです。もちろん、この時代に生きていた恐竜たちは高い二酸化炭素濃度に順応していたのでしょうが…、もしかしたら、いつも頭痛を抱えて生活していたのかもしれませんね。

Chapter 3

三大学学長賞
受賞

直方体から正八面体に
変化するNaCl結晶

~ポリアクリル酸ナトリウムによるミラー指数 {111} 面の安定化~

富山県立富山中部高等学校
スーパーサイエンス部（化学）

Members
山澤晟嘉、伊東龍平、宮崎孝太郎、松倉敦志、
横山愛子、森山和、石川悠莉、曽我部景虎

指導教員
浮田直美

研 究 概 要

　飽和NaCl水溶液から水が蒸発していくと、エネルギー的に安定なミラー指数{100}面で囲まれた直方体の結晶が析出します。しかし、飽和NaCl水溶液にポリアクリル酸ナトリウムを混ぜたゾル溶液から水が蒸発していくと、ミラー指数{111}の結晶面で覆われた形である正八面体結晶が析出することを発見しました。そこで、直方体のNaCl結晶を正八面体結晶に変えられないかと考え、岩塩のへき開で得られた直方体結晶をポリアクリル酸ナトリウム0.01 %～2 %含む過飽和NaCl水溶液中に入れてみました。ビーカー上部をパラフィルムで密閉して、長期にわたって結晶の形がどのように変化するか調べました。すると、NaCl結晶は徐々に上部平面がとがった形になり、岩塩の周りには透明度の高い結晶が成長し、比較的大きな正八面体結晶に変化していきました。

　正八面体の{111}結晶面は同符号の電荷のイオンが並んでいるので、本来はエネルギー的に不安定な面なのですが、少量のポリアクリル酸ナトリウムを加えることでこの面が安定になり、{100}面で囲まれるよりも表面積が小さい形である正八面体結晶へと変化していくのではないかと考えています。

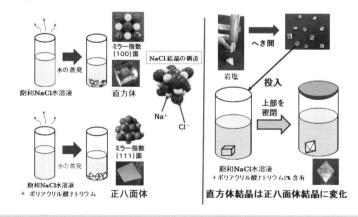

1 研究は浮かんでいる NaCl 結晶を見つけてからはじまった

　2018 年 4 月「銅の腐食と起電力」の実験（第 14 回高校化学グランドコンテスト口頭発表の研究）を進めていたある日、当時 3 年生の一人の部員が、銅板を浸けていた飽和食塩水の上部液面に、透明度の高い結晶が浮いているのを見つけました。この結晶は NaCl 結晶の形として知られている直方体ではなく、立方体を斜めに切断した対称性の良い結晶で、正三角形の面を上に向けて浮かんでいました。結晶の形と浮かんでいる安定性に興味を持ち、当時 2 年生（現 3 年生）の 2 人の部員で、飽和食塩水をたくさんの試験管に入れて水を自然蒸発させる実験をはじめました。大きさの異なる試験管や容器ではどうなるかについても、くわしく調べました。

浮いているNaCl結晶

29

{100} 面　　　{111} 面

NaCl結晶の {100} 面と {111} 面

　研究の結果、飽和 NaCl 水溶液の液面では表面張力が働くので、正三角形の面を上に向けて浮かびながら結晶成長が起きること、正三角形の面はミラー指数 {111} 面であることがわかりました。{111} 面とは、Na^+ と Cl^- が規則的に並んだ結晶を様々な方向から眺めたとき、Na^+ のみ、もしくは Cl^- のみが並んでいる面を指します。通常 NaCl 結晶が水溶液内で成長するときには、Na^+ には Cl^- が、Cl^- には Na^+ が引きつけられていくので、同じ電荷が並ぶ {111} 面は結晶表面にはならず、Na^+ と Cl^- が接触した {100} 面で覆われた直方体結晶になります。ですから、この一つの面が {111} 面である結晶に不思議さと美しさを感じたのです。通常の大きさの試験管を用いると、高い確率でこの {111} 面をもつ結晶が成長したのですが、ある程度大きくなると浮かんでいられなくなり、沈んだ後は直方体結晶になっていきました。浮いている結晶を取り出すタイミングはなかなか難しく、なるべく大きくなってからと欲張ると翌日に沈んでいることもたびたびありました。

2 ポリアクリル酸ナトリウムを混ぜてみよう

当初は、浮かんでいる NaCl 結晶の形が単位面積あたりの水の蒸発量に関係するかもしれないと考えたので、不揮発性の溶質を飽和 NaCl 水溶液に加えてみようとしました。そんなとき、「銅の腐食と起電力」の電池実験の正極溶液として使っていた、低濃度の NaCl を含む粘性の高いポリアクリル酸ナトリウム水溶液が目の前にありました。「このゾルの NaCl 濃度が高かったら、どのような NaCl 結晶が析出して、どのように成長するだろうか？液面でできた結晶はゆっくり降下するのだろうか？」という考えが浮かびました。

しかし、NaCl 飽和水溶液にポリアクリル酸ナトリウムを加えて粘性の高い均一なゾルにするのは困難な作業で溶けにくいポリアクリル酸ナトリウムを少しずつ、根気よく混ぜて透明なゾルにしていきました。このときのポリアクリル酸ナトリウムの濃度は 2 ％と 4 ％と高い濃度でした。ゾルを深型シャーレに入れて上部をガーゼで覆い、どのような結晶が成長するのか、わくわくしながら結晶が析出するのを待ちました。すると、驚いたことに液面でできた結晶はゆっくり降下し、容器の底で正八面体結晶へと成長していったのです。正八面体結晶は 8 個すべての面が不安定な ｛111｝ 面で覆われている形です。乳白色をしていましたが、ポリアクリル酸ナトリウムを加えることで正八面体結晶ができたことは、嬉しい発見でした。

４％濃度のポリアクリル酸ナトリウムを含む飽和NaClゾルから成長したNaCl結晶
左：ゾル上部に浮かぶ結晶　右：容器の底で成長した正八面体結晶

秋の高校化学グランドコンテストポスター発表の後、研究していた 2 年生には同じ学年の仲間も増え、年度末の 3 月に行われた別の大会でも、研究成果を発表しました。毎年、校内文化祭で、「岩塩の結晶をへき開して直方体

結晶を作る」体験コーナーを設けていたので、「へき開した岩塩結晶を正八面体に変化できないか」というあらたなテーマも考えました。当時化学部には1年生がいなかったので、研究を継続して発展させてくれる新入部員が入って来ることを願って、新しい年度を迎えました。

3 新入部員の奮闘記（1年生の体験記録）

　富山中部高校のスーパーサイエンス部（化学）では、大きく分けて2つの研究を行っています。その中の一つがNaCl結晶についての研究です。無事1年生が入部し、4月から7月頃まで3年生と新たに加わった1年生4人で協力して研究していきました。

　化学部に入部した初日、ポリアクリル酸ナトリウムという物質にはじめて出会いました。最初に見た時「なんだこれは！」と思いました。水に溶かすと粘性がありジェル状になるのです。その上、名前も難しそうです。ところが、それは意外にも「紙おむつ」に含まれている、水を良く吸収する高分子化合物でした。このポリアクリル酸ナトリウムがくせ者で、飽和塩化ナトリウム水溶液に溶かそうと思ってもなかなか混ざらないのです。溶けにくく、だまができやすく、だからといって少しずつポリアクリル酸ナトリウムを加えていくと時間がかかり、先に計測したポリアクリル酸ナトリウムが、空気中の水分を吸収して薬包紙にくっついてしまうなどうまくいきません。ところが不思議なことに、3年の先輩が混ぜているとそのうち均一になるのです。また、ポリアクリル酸ナトリウムが含まれることによって、NaCl結晶は、時間をかけて美しい正八面体の結晶へと成長するのだと教わりました。入部してまもなく正八面体のNaCl結晶を見たときは、1年生一同ただただ感動して声を無くしました。

　こうしてポリアクリル酸ナトリウムと出会った私たちは、さまざまな濃度になるように、飽和NaCl水溶液に溶かしていく作業を進めていきました。はじめはポリアクリル酸ナトリウム濃度を1％や2％と濃くしましたが、「正八面体のNaCl結晶ができる、ポリアクリル酸ナトリウム濃度の限界はどれくらいなのだろうか」と思い立ってからは0.5％、0.1％、0.05％、0.02％、0.01％になるように、ポリアクリル酸ナトリウムと飽和NaCl水溶液を混ぜ続けました。飽和NaCl水溶液は作るそばからなくなり、1Lビーカーいっぱい

31

に作っておいても気がついたら少ししか残っていないなどということもありました。絶えず誰かが何らかの溶液を混ぜている姿がいまでも目にうかびます。とは言え何かしらの壁は待ち受けているようで、作った溶液はパラフィルムで密閉することで濃度の変化を防ぐ必要があったにもかかわらず、実験をはじめたばかりの頃、

1年生だけで作った溶液をパラフィルムで覆うのを忘れてしまい、すべて廃棄してもう一度溶液を作り直したこともありました。

大量の実験溶液

次に、岩塩をへき開して直方体の結晶をつくりました。もともと直方体の |100| 面で囲まれた NaCl 結晶が、ポリアクリル酸ナトリウムを加えることで正八面体に変化するのか疑問に思ったのです。岩塩はなかなか割れず、作業後にはあちこちに破片が飛び散っていました。そして、直方体結晶ひとつずつの大きさと質量をノギスと電子天秤を用いてできるだけ正確に測定しました。

岩塩のへき開

岩塩を入れた後は観察ひとすじでした。変化は急激なものでなかったので毎日それらの結晶の変化を観察していき、写真撮影していきました。一日一日でみると変化はものすごく小さなものでしたが、気づくと美しい正八面体結晶になっているのを見て感動しました。また今年度の研究で得られた結晶は、入部のときに見せてもらった最初の結晶よりも透明度が高いのです。

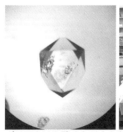

ポリアクリル酸ナトリウムを加えた過飽和NaCl水溶液中に析出したNaCl微結晶も光学顕微鏡で観察した

ポリアクリル酸ナトリウム0.1％において成長した正八面体結晶

4 高校化学グランドコンテスト

　10月に行われる高校化学グランドコンテスト口頭発表に選ばれ、英語で発表するまでの道のりは険しいものでした。3年生が引退し、1年生2人が発表しました。大会での発表経験もなく、化学基礎の授業は2年から始まるので、化学の知識も先生に1から10まで教えてもらいながらの発表準備でした。英語で説明するには、深く研究内容を理解していないと正確に伝えられないので、発表できるかが心配でした。英語での説明は物質名の発音から必死に覚え、新幹線の中でも大阪での発表前夜も、文章を考え直して練習を重ねました。

　いよいよ高校化学グランドコンテスト。大会当日、会場の雰囲気に圧倒され、会場で席に着いたときから緊張しました。発表の直前には舞台のそでで、2人で「口角をあげて笑顔で行こう」と励まし合っていました。練習してきた成果もあり、「阿吽の呼吸」でタイミング良くスライドを変えることができました。

　壇上ではさまざまな質問やアドバイスをいただきました。英語でなく日本語で質問をしてもらったにも関わらず、頭の中が混乱してしまいました。的確にもっと化学や物理の知識を持って答えられたら！　もっと勉強しなくてはと思いました。青ざめた顔をしたまま、気づくと表彰式がはじまりました。名前が呼ばれたときはただただ驚きでいっぱいでした。賞状、楯、副賞をいただくと、すごい賞を受賞したという実感をもちました。大きな大会でのはじめての口頭発表、しかも英語でというものは、人生において貴重な経験になり今後の糧です。

5 おわりに

　高校化学グランドコンテストでは多くの先生方、大会関係者の方々にお世話になりました。このような大きな大会で、発表する機会を与えてくださり、励ましていただき、感謝申し上げます。また、名古屋市立大学大学院システム自然科学研究科の三浦均先生には貴重な助言をいただきました。富山大学大学院理工学教育部理学領域の柘植清志先生には X 線回折の測定と分析をしていただき、ご指導を賜りました。心よりお礼申し上げます。支えてくださったすべての方々への感謝の気持ちを忘れず、研究を続けていきたいと思います。

34

Chapter 4

読売新聞社賞
受賞

高吸水性ポリマーの吸水の
仕組みの解明

岐阜県立岐阜高等学校
自然科学部化学班

Members
白井良明、榊原和眞

指導教員
日比野良平

研 究 概 要

　高吸水性高分子はデンプンやポリビニルアルコールを主鎖とし、これにポリアクリル酸ナトリウムを側鎖としてつないだものです。水の吸水力が非常に強く、自重の数百倍から数千倍の水を保持できることから、紙おむつや土壌保水剤などに用いられています。ところが、この高吸水性高分子を電解質水溶液に浸すとその吸水量が著しく低下してしまい、電解質の種類によって吸水量に差が生じます。この現象を解明するために様々な電解質水溶液を用いて実験を行い、その結果、水溶液中の陽イオンが吸水量に影響を与えていることを突き止めました。

　さらに研究を進め、陽イオンの種類と高吸水性高分子の吸水量の相関関係を示すグラフを作成し、吸水量から水溶液中の陽イオンを同定する方法の確立を目指しました。このことを利用して、高吸水性高分子を用いた簡易的な水溶液中の陽イオンの種類と量の特定や、廃液の検査等に要するコスト・検査試料の削減を達成し、水質環境の保全に貢献できればと考えています。

1 研究のきっかけ

　1年生の3月、私たちはまだ研究内容が決まっていませんでした。1年間やってきた銀メッキの実験が行き詰ってしまい、新しくテーマを決め直すことになったからです。「去年の先輩の実験を引き継ぐか」「それとも新しい研究をはじめるか」と悩んでいたそんな時、突然顧問の日比野先生が試験管を手に実験室にやってきて、あるものを見せてくれました。それは、様々な電解質水溶液に浸されたプルプルボール（粒状の高吸水性樹脂）でした。高吸水性樹脂とは自重の数百倍から数千倍もの水を吸収できる高分子で、その吸水力の高さから、紙おむつや砂漠での土壌保水材などに利用されています。驚いたのは、このプルプルボールの吸水量が電解質水溶液の種類によって大きく異なっていることです。写真からもわかるように、特に一価陽イオンと二価陽イオン間での差が顕著です。なぜこれほどの差が生じるのか、この謎を解明することを目標に、研究をはじめました。

プルプルボールの給水量

2 測定方法の確立

　さっそく次の日から実験をはじめてたものの、すでに1年生の3月。グラコンまであと半年しかなく、少なからず焦っていました。ところが、いざ実験をはじめると、いきなり大きな問題が浮かび上がってきました。それは高吸水性高分子の吸水量の測定方法についてです。プルプルボールは100円均一ショップの製品ということもあってか性質に個体差があり正確な実験が行えないため、粉状の高吸水性高分子（SAP）を用いました。しかし、粉を水溶液に直接入れてしまうと、分散してしまって全て回収することが困難です。また、吸収後の粉を水溶液から取り出した直後は、粉の表面に余分な水分が付着しています。それを取り除く必要がありますが、同時にSAP内部から水が蒸発しまい、測定した質量はどんどん減少してしまいました。色々な方

法を試した結果、右図のような方法に
帰結しました。ティーバッグに入れた
SAP の質量変化を 5 分間計測し、吊る
しておいた最初の 2 分間分はグラフの
外挿から推測しました。測定法も決定
し、いよいよ本格的な実験をはじめま
した。

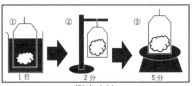

測定方法

3 夏休み

　9 種類の電解質水溶液におけ
る SAP の吸水量の実験データを
得るため、夏休みは朝 9 時から
夜 8 時ごろまで実験室に籠ると
いう日もあり、忙しくも毎日が
充実していました。しかし、何
より大変だったのは実験室にエ
アコンがないことで、扇風機 2

滴定実験

台で何とかこの夏を乗り越えました。来年は実験室にエアコンを導入してほ
しい…。また先生はいつも遅くまで学校に残って研究を指導していただき、
本当にありがとうございました。夏休みが終わるころには無事に一通りの
データがそろい、ようやく考察に入ることができました。

4 考察

　実験結果から、溶液中の陽イオンの価数・陽イオンの式量・水溶液の濃度
という 3 つの要素が吸水量に影響を与えているということがわかりました。
二価よりも一価の陽イオン、そしてその濃度が低いほど SAP の吸水量は大
きくなります。また、SAP 内部に水溶液中の陽イオンが取り込まれるため、
陽イオンの式量が大きいほど吸水量の値も大きくなります。

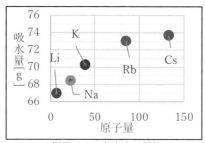

1価陽イオン水溶液の質量

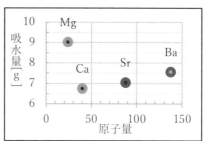

2価陽イオン水溶液の質量

5 さらなる応用へ

　実験から、水溶液に含まれる陽イオンの種類や濃度によって SAP の吸水量には差が生じることがわかりました。これを逆に考えれば、SAP の吸水量から水溶液中の陽イオンの種類と量を特定できるかもしれないということです。陽イオンの定性分析には炎色反応や沈殿によって判断する方法がありますが、SAP を用いた分析法が確立すれば簡易的に陽イオンを特定する方法として役立つかもしれません。そこで私たちは様々な場合に対応するため混合溶液にまで実験を拡張して、水溶液中の陽イオンの種類と吸水量との相関を示すグラフを作成しました。このグラフはすべて 0.1 mol/L の塩化金属水溶液における SAP の吸水量という条件下ですが、グラフを参照すれば未知の混合溶液でも SAP を浸した時の吸水量から含まれる陽イオンの種類とその存在比を求められると思います。こうして研究の骨格は決まり、高校化学グランドコンテストの論文締め切りに間に合いました。

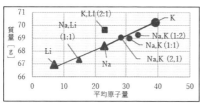

1価陽イオン水溶液の質量

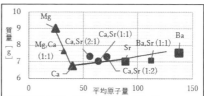

2価陽イオン水溶液の質量

6 口頭発表選出のお知らせを聞いて

　論文の提出も終わり、そろそろポスターを作りはじめようかというころ、日比野先生から口頭発表に選ばれたという話を聞きました。100校以上もある参加校の中から口頭発表に選ばれた喜びを感じたものの、英語でプレゼンということに大きな不安を感じました。はじめての論文の英訳は大変で、「浸透圧」や「3次元網目構造」などの日本語でも難しい専門用語を、英語科の先生や外国語指導助手の先生、英語が得意な友人と一緒に試行錯誤しながら原稿を完成させました。発表練習では12分におさめることができず、原稿を削ったり、スムーズに読めるようにしたりと何度も練習しました。学校の定期テストや修学旅行なども重なってしまい、最後の1週間はとにかく忙しかったです。修学旅行の新幹線のなかで原稿の音読練習をするほどでした。

7 いよいよ高校化学グランドコンテスト　～1日目～

　今年の高校化学グランドコンテストは大阪で開催されました。岐阜から大阪までは電車と新幹線を乗り継ぎ、旅行みたいで楽しかったです。大阪市立大学に着くと早速1日目のポスター発表を見学しました。実は岐阜高等学校からはもう1チーム、ポスター発表で参加していました。「ストームグラスにおける結晶生成機構の解明」というテーマでみんなが堂々と発表している姿を見て、勇気づけられました。また、以前の研究テーマである銀メッキに関するポスター発表も聞くことができ、刺激になりました。

ストームグラス班の発表

　発表会場には受賞したらもらえる賞品が展示しており、「明日の口頭発表はどれかがもらえるといいね」と話していました。「パソコンもらえたらキーボード側とディスプレイ側で半分ずつね」と冗談を言えるほどの余裕がありました。

8 発表前夜

　発表を 12 分でおさめるために、ホテルで音読練習をする予定でしたが、今日で終わったポスター発表組が部屋に押しかけ、つい一緒に遊んでしまいなかなか練習が捗らずほぼ徹夜になりました。一晩中うるさかったので、となりの部屋で寝ていた先生に申し訳なかったです（笑）。翌朝、不安なところもありましたが、気持ちを切り替えて朝ごはんをしっかり食べ、満を持して会場へと向かいました。

9 いよいよ口頭発表

　本番は緊張しました。スポットライトがまぶしいうえにレーザーポインターの調子が悪くて急遽お互いの役割を変更したなどのハプニングもありましたが、落ち着いて研究を伝えることができました。結局 2 分ほどオーバーでしたが、堂々と発表できました。

10 審査結果

　審査結果はなんと読売新聞社賞でした！　口頭発表に選ばれるだけでも素晴らしいことなのに、主催社賞も受賞できて光栄です。

表彰式

11 指導教員からの一言

　研究のきっかけは、私の些細な発見とつぶやきだったと思いますが、実験方法の組立や地道な実験の繰り返しで、当初予想した吸水の仕組みとは異な

る結果を発見したことはとても素晴らしいと思います。参考文献など少なかったため、化学班の活動を進めていく中で出会った大学の先生や、企業の研究者に相談しながらの手探りでの研究だったと思います。また、実験にティーバッグを利用するなど、私が常に心がけている「身近な疑問について、身近なもので実験する」を実践してくれて、とてもうれしいです。

この研究はまだはじまったばかりですが、今後の研究でさらに汎用性を高めれば、陽イオンの検出だけで無く、溶液中の陽イオンの回収等にも応用できると思います。一方で、マイクロプラスチックによる環境汚染など、解決すべき問題もありますが、後輩達の研究で新たな知見を得られれば大きな成果に繋がると期待しています。

12 最後に

42

　毎日一緒に研究を続けてきた部活のみんな、素晴らしい指導で私たちの研究を支えてくださった日比野先生、部活に没頭する私たちを温かく見守ってくれた家族、そしてこの研究を聞いてくださった皆さん、本当にありがとうございました。多くの方に支えられて研究を続けられていることに感謝し、今後もより研究を発展させていけたらと思います。

Chapter 5

審査委員長賞
受賞

ローダミンB電解液・銀導電性フィルム
色素増感型太陽電池のための色素合成

島根県立浜田高等学校 自然科学部

微小重力を用いた磁場勾配による
固体粒子の分離と非破壊同定

大阪府立大手前高等学校 定時制の課程 科学部
大阪府立春日丘高等学校 定時制の課程 科学部
大阪府立今宮工科高等学校 定時制の課程 科学同好会

ローダミンB電解液・銀導電性フィルム 色素増感型太陽電池のための色素合成

島根県立浜田高等学校 自然科学部

Member
木村香佑

指導教員
福満晋

研　究　概　要

　　現在実用化され使われている太陽電池はシリコン太陽電池です。しかし純度の高いシリコン（ケイ素）が必要なため高価なことが難点です。色素増感型太陽電池は作製に費用がかからず安価ですが、耐久性やエネルギー変換効率がまだまだ低いことが問題です。そのため、後から開発されたエネルギー変換効率の高いペロブスカイト太陽電池の研究が主流になりつつあります。しかし、ペロブスカイト太陽電池は鉛を使うため環境への悪影響が問題視されています。

　　本研究は最先端の研究から取り残されつつある色素増感型太陽電池を全く新しい視点から再構築したものです。

1 色素増感型太陽電池との出会い

中学2年で浜田市立第3中学に転校してきた私は科学部に入部しました。入部当初にグループでミドリムシの研究をしていたら、顧問の荒田先生から花力電池（主に花の色素を使うので）の研究を勧められました。研究キットの材料を使い説明書を読みながらでしたが、はじめて研究というものに触れました。夏休みに太陽の下で測定して、とても暑かったのが記憶に残っています。

2 自然科学部は生物班だけ？

浜田高校に入学し、自然科学部に入部したいと思いました。しかし自然科学部にはハッチョウトンボを研究している生物班しかありませんでした…。

3 自然科学部化学班誕生！

浜田高校の理数科は10年前から色素増感型太陽電池の研究を続けていました。この研究を自然科学部でさせてもらうことになり、化学班は私一人だけです。

4 これが色素増感型太陽電池？

中学から研究していたこともあり、色素増感型太陽電池についてはある程度知っているはずでした。しかし…、

(1) 電解液はヨウ素電解液じゃないの？

色素増感型太陽電池の電解液はこげ茶色のヨウ素電解液を使います。でも実験室にあったのは赤色の電解液でした。ローダミンBという化合物でした。明太子を染める食紅に使われるそうです。「この電解液はどこで使われているんですか」と聞いたら、「ここ（浜田高校）だけ」と言われました。

(2) 導電性ガラスは使わないの？

色素増感型太陽電池の電極には導電性ガラスを使います。でも実験室にあったのは樹脂のフィルムでした。表面に銀が使ってあるそうです。「この

フィルムはどこで使われるのですか」と聞いたら、「ここ（浜田高校）だけ」と言われました。

(3) 色素は自分でつくるの？　そんなことできるの？

　これまで色素増感型太陽電池には植物の花や実の色素を使っていました。ハイビスカスの花の色素がもっともよい結果でしたが、実験室にあるのはたくさんの薬品の瓶と見たこともない実験器具でした。有機化合物の合成は基本的に「ホットプレートで加熱する」「分液ロートで抽出する」「カラムクロマトグラフィーで精製する」の繰り返しでした。

5 夏休みに実験が終わったはず…

　新しい環境にも慣れ、目的の色素を合成することができ、太陽電池の測定も予定した結果が得られました。研究を論文にまとめ「高校化学グランドコンテスト」に応募し、ほっとしていました。その時に、佐賀県窯業技術センターで見つけ注文していた「ペルオキソチタン液」が届きました。ペルオキソチタン液はビルの外壁に酸化チタンを塗る際に下塗りに使うものです。これで酸化チタンペーストを作って太陽電池を作製してみたところ、なんといままでの電流や電圧の測定値が約2倍になりました。さあ大変です。夏休みに行った実験をすべてやり直さなくてはならなくなりました。

6 高校化学グランドコンテスト事務局から連絡

　事務局から「口頭発表に決まりました」と連絡がありました。全国から130件近くの応募があり、そのなかで口頭発表できるのは10件だけのようです。状況が把握できてないけれども、すごいことのようです。顧問の先生が「発表は英語だよ」と教えてくれました。インターネットで過去のコンテストの映像を見てみました。出場高校は英語で発表していました…。

7 高校化学グランドコンテストに向けて

　何とかすべての実験をやり直しました。すみません。どう考えても応募したときの要旨に載せた電池とはまったく異なる電池です。こんな小さい電池で電圧が1.2 Vもあります。驚きです。英語の発表原稿は外国語指導助手のアナ・マリチッチ先生に添削していただきました。私が書いた元の文章はほぼ無くなっていました。

8 高校化学グランドコンテストに参加

　1日目のポスター発表に参加し、質問もしました。どこの高校も丁寧に説明していただきありがとうございました。
　口頭発表は2日目の2番目でした。プレゼンをはじめると緊張すること

もなく、思ったより落ち着いて発表できました。審査委員長賞をいただきました。いままで研究発表で賞をもらったことがなかったのでうれしかったです。顧問の先生が以前の学校で参加し審査委員長賞を受賞したそうです。その時の先輩は、後に参加したコンテストでマサチューセッツ工科大学のリンカーン研究所から副賞で火星と木星の間の小惑星の一つに自分の名前をつけてもらったそうです。「縁起のいい賞だよ」と言われました。

9 高校化学グランドコンテストに参加してみて

化学を対象とした大会に出場するのははじめてでした。今回はポスター発表と口頭発表のどちらも経験できました。ポスター発表では質問することにより、私の研究の問題解決の糸口に気づくことが多々ありました。口頭発表では大勢の人の前で話せる自信がつきました。賞をいただいた以上に私のなかで大きな財産となりました。また、後で行われたレセプションで、発表会にいっしょに参加した全国の高校生の皆さんと話すことができ友達になれました。このような機会を与えていただいてありがとうございました。

謝辞

　太陽電池の色素の合成や分析にご助力をいただいた島根産業技術センター浜田技術センターの松林和彦主任研究員、島根大学総合理工学部の白鳥英雄助教、電解液の反応についてご助言をいただいた島根大学総合理工学部の半田真教授、西垣内寛教授、超分子形成の分析に協力していただいた大阪市立大学の藤井律子准教授、ペルオキソチタン液の情報をいただいた佐賀県窯業技術センターの皆様、導電性フィルムを提供していただいた TDK（株）、大日本印刷（株）にこの場を借りてお礼を申し上げます。ありがとうございました。

参考文献

1）松林和彦、兒玉由貴子、田中孝一、山本裕、赤澤雅子、フタロシアニン－ポルフィリンを用いた色素増感型太陽電池, 島根県産業技術センター研究報告, 2016, No.52, P.1-8.
2）藤田眞作、キノン類の還元剤 N, N-ジエチルヒドロキシルアミンを中心として、有機合成化学協会誌, 第 37 巻, 第 11 号, P960-966（1979）.
3）「教材化を指向したポルフィリン錯体合成」野村美沙登, 小野裕輝, 佐藤亜樹, 長南幸安, 弘前大学教育学部紀要, 第 101 号, 61 ～ 64 項
4）太陽電池電極と光触媒用酸化チタンの開発　ペルオキソチタン液を用いて作成した DSSC 電極の特性, 釘島裕洋, 一ノ瀬弘道, 佐賀県窯業技術センター　平成 26 年度　研究報告書

おもしろ化学の疑問Q2

冷やすと野菜は甘くなる？

A2 野菜を雪の中に埋めて保存すると甘くなる、という話をご存じでしょうか？　ジャガイモなどでよく知られる低温糖化という現象で、冷やすとデンプンが分解されてブドウ糖や果糖が増えるというものです。これは、冷やされた際に水分が凍って細胞が死んでしまうのを防ぐため、糖分の濃度を上げることで水が凍りにくくする、いわゆる凝固点降下を利用した植物の防衛行動です。他にも大根や人参などの根菜類で見られます。キャベツなどの葉菜類を甘くするのは、ちょっと難しいようです。ところが、寒さに強いホウレンソウを冬場に育てると、この低温糖化と似た現象が起こり、なんとイチゴよりも甘くなるそうです。これを、ホウレンソウの寒締め栽培と言うそうです。「寒締め」は寒さで引き締めたという意味です。さしずめ、寒稽古は「人の寒締め」ということでしょうか。そういえば、寒稽古を終えた人は、まろやかになったように見えますが、気のせいでしょうか。

審査委員長賞
受賞

微小重力を用いた磁場勾配による
固体粒子の分離と非破壊同定

大阪府立大手前高等学校 定時制の課程 科学部[1]
大阪府立春日丘高等学校 定時制の課程 科学部[2]
大阪府立今宮工科高等学校 定時制の課程 科学同好会[3]

Members
橋本晃志[1]、浜田亜莉珠[1]、松田孟男[1]、
鷲見香莉奈[2]、間石啓太[2]、道川ジョンパトリック[3]

指導教員
久好圭治[1]、江菅純一[2]、谷口真基[3]

研 究 概 要

　我々科学部は、0.5秒という僅かな時間、無重力に近い重力「微小重力」を発生する装置と磁石に非常に弱く反発する「反磁性」という性質を使い、固体の混合粒子を分離・回収する装置を作りました。微小重力下で、反磁性物質は磁石による磁気力により磁場の外に押し出され、その運動は質量に依存せず各物質の「反発する力」に依存します。この原理を用いて、固体粒子の混合物を物質の種類ごとに分離・回収できることを実証しました。

　現在、クロマトグラフィーは気体・液体について分離方法は確立されていますが、固体の分離方法は磁石に強く引き寄せられる「強磁性」を利用した鉄などの分離しかありません。我々科学部は精密分析に先立って固体の混合物を物質の種類ごとに分離する新しい「固体クロマトグラフィー」技術の起点になればと思い、この装置の完成を目指しました。今後は、常磁性物質への拡張と精度の向上を目指していきたいと思います。

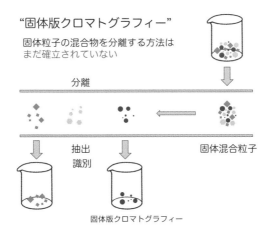

"固体版クロマトグラフィー"

固体粒子の混合物を分離する方法はまだ確立されていない

分離

抽出
識別

固体混合粒子

固体版クロマトグラフィー

この実験を行うきっかけとなったのは、去年に取り組んだ微小重力を利用して反磁性の水の磁化率を容器に入れずに測定する実験でした。今年は、反磁性の液体ではなく固体を使って実験できないかと考えました。物質ごとに磁化率の値は異なっており、そのため磁場から受ける力が異なります。したがって、微小重力下では、物質毎に運動する速度が異なります。一定の時間内に飛行する距離が異なるので、微小重力継続時間内に試料を捕獲すれば、その位置の違いから物質が特定できると考えました。これを実証するために、実験をはじめました。

　実験を行うため落下カプセル内に磁気回路、試料回収板、撮影用高速度カメラを配置しました。磁気回路はネオジム磁石を平行に配置して作り、アルミ材の試料台を最も大きな磁気力が働く位置に設置しました。試料回収板は方眼紙にシリコン樹脂材を塗って作りました。微小重力になると、反磁性の試料は磁場より力

落下カプセル内のセッティング

を受けて磁石の外に運動します。磁化率の大きな試料には大きな力が働き大きな加速度が、磁化率の小さな試料には小さな加速度が生じます。そのため、磁化率の違いによって飛行距離が異なり、試料回収板上に試料が列をなして固定されます。これをスペクトルと呼んでいます。大手前高校、今宮工科高校が共同で色々な試料を使ってこのスペクトルをたくさん作りました。また、春日丘高校は高速度カメラで撮影した映像から、試料の運動を解析して各試料の磁化率を求めました。

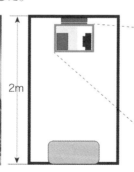

2m

落下棟

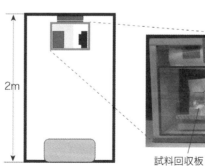

ネオジム磁石

試料回収板　高速度カメラ

　試料は反磁性の無機物6種類、有機物6種類を使いました。有機物がなかなか飛んでくれず、何度も何度も落下実験を繰り返して試料が飛ぶまで行いました。

　私は回収板上にスペクトルを作る実験を行いました。実験は夏休みに入る前から準備をしました。大手前高校定時制科学部には部室が無く、物理講義室の後ろに装置を置かせてもらっています。授業が終わって（午後9時15分）放課後に45分しか活動時間がなく、実験の準備や後片付けの時間を差し引くと、だいたい30分くらいしか実験ができません。落下実験は日に2回か3回が精一杯でした。夏休みは毎週月曜日、火曜日、木曜日に実験を行いました。

試料回収台の作製

55

時間が足りないので、必死に実験をし、さらに土曜日や日曜日に追加で時間を確保しました。実験は今宮工科高校の科学部員と一緒に行ったので、楽しく話しながら、真面目だけど少し気楽に実験に取り組みました。みんなそれぞれ自分の役割をこなし、一回でも多く実験回数を増やそうと意識しながら実験をしました。

　試料が飛ばなかったらなぜ飛ばなかったのかを考え、試料位置を変更し試料台に紙を貼るなど工夫を凝らしました。改善策を模索し試行錯誤を重ね精度の良い実験結果となるように、また効率良く実験できるように取り組みました。

　3校合同研究をしたので、それぞれの学校から一人ずつ出るという予定だったのですが、残念ながら発表は2校の生徒3名で行いました。

　春日丘高校の2人が頑張って発表練習していたのですが、私はほとんど何も行動せず、時間が過ぎていくだけでした。前日の練習でも発表部分を覚えていなくて、2人に迷惑をかけてしまいました。結局、発表当日までに担当部分を覚えられず、急遽覚えられなかった部分を他のメンバーに発表してもらうことになりました。チームメンバーにすごく迷惑をかけてしまったので、今回の発表で私は本実験にかかわった方々を発表の場で裏切ってしまいまし

た。いい加減な準備しかできなかったことを充分に反省しています。チームとして行動するのだから、自分の役割をきちんとこなせるように練習を絶やさず努力しようと思いました。この失敗を無駄にしないように、行動していきます。（橋本）

　やはり3校での共同研究は連絡を取り合うのが大変でした。春日丘高校では基礎データの測定、大手前高校では本測定、そして今宮工科高校はまだ微小重力発生装置が完成しておらず、大手前高校に出向いて一緒に実験をしましたが、思いの外、円滑に測定ができました。

　この研究は、夏休み目前からはじまりました。春日丘高校は現在3人しか部員が居らず、一人が受験生、もう一人が入院していて当時は時間が取れない状況でした。しかし、「微小重力実験は試料を乗せて、箱を磁石につけて落とすだけ！」一回の測定にそれほど時間がかからないのでなんとか回数を重ねることができ、締切に間に合いました。

56

　本番前日、私たちは今宮工科高校でリハーサルを行いました。私の発表部分はリハーサルでは問題なかったので、後は明日までできるだけたくさん練習をするだけです。その日は緊張で、なかなか眠れませんでした。本番当日、もう後は全力で発表をするだけです。

　発表直前の舞台裏、橋本くんはかなり緊張をしていました。去年、名古屋市立大学で一緒に発表をしたとき、大手前の先輩が緊張しているからとみんなで手を繋いで落ち着かせてくれたので、今年も緊張を和らげる為に3人で手を繋ぎました。橋本くんの手は緊張で冷たかったです。本番も順調に進んでいくと思いきや、リハーサルでは問題がなかったのに、スライドの実験の写真がモザイクになるというトラブルが起きました。どうしようかと不安になったとき、発表をしていた間石くんが「このまま続けます」と言いました。その言葉を聞いて、落ち着きを取戻しました。橋本くんも大きな失敗もなく進めていき、私の担当になりました。舞台に立つことは慣れていますが、何度経験してもとても緊張します。練習だとしっかり話せていたことが、舞台上だと次はこの単語で合っていたのか不安になり、つい何度も原稿を確認してしまいました。

　発表が終わり、質問に移ってちょっぴり安心しました。しかし、最後の踏ん張り所です。質問は間石くんがしっかり答えてくれました。質問に答えた

いと思っても、質問が意味のない音のように聞こえました。練習では答えられていても、舞台上では言葉として聞こえてきません。はじめての舞台発表だったのに、しっかり質問に答えられた間石くんは、とてもすごいと感心しました。後は結果を待つだけです。

　化学の分野から少し離れている（化学反応式がでてこない）私たちの研究が、高校化学グランドコンテストの口頭発表に3年連続出場させてもらえるだけでありがたいし、すごいと思います。だからきっと、今年も金賞までだと思っていました。しかし、結果は予想と違って審査委員長賞を受賞できました。トラブルが起きたとき、すぐに間石くんが機転を利かせ、質問にしっかり答えてくれたおかげです。

　後日、読売新聞に私たちの写真が載っていたのを見つけて、照れくさかったのですが、とても誇らしく感じました。本当にすごい賞をいただけたという嬉しさが、改めて湧き出てきました。

　発表で、英語を使ってたくさんの人の前で発表をし、さらに審査委員長賞を受賞し貴重な体験ができました。これは春日丘高校、大手前高校、一緒に発表はできなかった今宮工科高校の3校の定時制高校とそれぞれの先生方の協力のおかげです。忙しい中、実験や発表などのさまざまなご支援ありがとうございました。（鷲見）

　発表前日、今宮工科高校で練習をしました。そして発表前日まで修学旅行だった橋本くんが大阪空港に着いたその足で練習に参加しました。全員での通し練習がはじまりました。橋本くんは修学旅行のブランクで原稿の内容を忘れていました。それでも明日が発表当日、全員が「もっと時間が欲しい」と願い、練習不足を恨みました。通し練習はグダグダで非常に酷いものでした。

　3校共同研究の問題として「練習場所の確保や各校の予定合わせ」があります。今回の発表の全員での通し練習は合わせても2桁に届かない回数でした。つまり個人の練習がより大事なのだと強く感じました。

　前日練習の最後に僕は先生に呼ばれ「橋本がこのまま当日も発表できそうにないなら、原稿見ながらでもいいから間石が発表してくれるか？」と言われました。僕自身の発表部分にも満足いっていないのに橋本くんの分まで発表しろと言われ、頭が真っ白になりましたが、それが妥当だとも思いました。

あまり緊張せず、満足はしてないが発表も安定していた僕が一番適任だと思いました。

　前日練習も終わり、帰りの電車で僕はずっと「自分の発表を完璧に近づけるか、橋本くんの原稿を何度も読んである程度すらすら読める程度にするか」と考えていました。帰った後も寝ずに何度も音読をし、練習を続けました。

　発表当日、やはり僕が橋本くんの分もやることになり、そのため発表までの緊張は高まりました。ですが不思議なことに発表しだすと次第に緊張がなくなり、いつもの調子で発表できました。そして、これまで2年連続金賞でしたが、3年目にして審査委員長賞をいただいて練習が無駄じゃなかったと感無量でした。

授賞式

　前日の練習中に先生が言った「他人の時間を貰って聞いていただくレベルの発表ではない」という言葉がすごく痛く、いつまでも忘れずにこれからもその言葉を大事にしたいです。（間石）

Chapter 6

金賞受賞

バイオマスの熱分解により発生した
エチレンガスの中赤外線による濃度測定

大阪桐蔭高等学校 理科研究部

ファラデーに捧ぐ
〜アルコールランプの科学−メタノールのきれいな燃焼〜

仁川学院高等学校

好みの色に輝く大きなビスマス結晶の
謎にせまる

聖霊女子短期大学付属高等学校 科学部

太陽光照射で進むラジカル反応に関する研究

大阪府立高津高等学校 科学部

金賞受賞　シュプリンガー賞受賞

バイオマスの熱分解により発生した
エチレンガスの中赤外線による濃度測定

大阪桐蔭高等学校 理科研究部

Members
泉拓甫、大西勝文、川嵜庸平、福田吉孝

指導教員
中島哲人、木下光一、有馬実

研究概要

　樹木などのバイオマスを熱分解するとエチレンガスが発生し、通常ガスクロで濃度を測定します。エチレンガスが中赤外線を吸収することから、赤外線センサーを用いて濃度測定ができないか研究しました。

　吸収管の長さを2㎝にし、黒いテープで光の漏れを防ぐことにより、赤外線でエチレンの濃度を測定することができました。結果、ガスクロよりも安価で、短時間でエチレンの濃度を測定できるようになりました。

　また、紙を作る際排出される廃液である黒液は現在、燃やして火力発電に使われています。黒液を有効活用できないかと考え、黒液を熱分解することによりエチレンを発生させました。発生したエチレンは赤外線を用いて濃度測定しました。

　さらに熱分解で発生したガスの濃度をガスクロでも測定することにより、赤外線を用いた濃度測定との相関関係を測定しました。結果、赤外線を用いた方法でも、高い精度で濃度が測定できることがわかりました。今後、黒液を熱分解して得たエチレンを使って、ポリエチレンを合成することで低炭素社会へ貢献したいです。

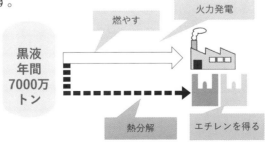

1 はじめに

　今回、当校の2作品に対して三賞状が授与されたことは大変悦びとするところであり、光栄に思います。このような発表機会を得られたことに大変感謝し、今後の研究、発表につなげていきたいです。今回発表した研究は2018年12月から2019年10月に行ったもので、昨年からの継続研究です。

2 研究チーム発足

　新チームは2018年12月に結成しました。昨年チームを組んでいた仲間は本年、別の研究に取り組みました。そのため、一人で研究かと思ったのですが、研究メンバーを募集すると、心強い後輩の大西勝文君、川嵜庸平君が研究チームに参加してくれました。また、福田吉孝君も少し後に研究チームに参加してくれ、英語を使う口頭発表の場で頼もしい存在でした。4人で1年間研究を行えたことを研究チームリーダーとして嬉しく、誇りに思います。

3 中赤外線によるエチレンの濃度測定

　中赤外線を用いた実験では、かなりの苦労を要しました。最初の問題は吸光器から流れる電流の数値が小さすぎることでした。市販の赤外線ストーブと専用の吸光器を用いても電圧は 1.1 mV しか変化しなかったのです。これではエチレンの濃度が9％刻みでしか測定できません。電流—電圧変換回路（オンアンプ）を使用することで、電圧が約150倍になり、正確に測定できました。

　次に吸収管の両サイドに使用する素材探しに苦労しました。吸収管の両サイドには、はじめは厚さ2 mm のアクリル板を使用しました。しかし、アクリル板が赤外線を吸収してしまい、電圧があまり変化しませんでした。そこで厚さ 0.08 mm のポリエチレンを使用しました。しかしポリエチレンは薄すぎて、吸収管の中に空気を入れる際、ポリエチレンが吸収管から外れました。そこで身近に存在する、厚さ 0.12 mm の顕微境で使うカバーガラスを使用しました。すると電圧も大きく変化し、気体を吸収管に入れてもカバーガラスは外れませんでした。

　さらに、実際に測定しても、吸光度とエチレンの濃度が比例関係になりませんでした。吸収管の長さを 11.5 cm から 4 cm、2 cm へと短くしていくと、だんだん吸光度とエチレンの濃度が比例関係に近づきました。しかし完全な比例関係にはなりません。吸光器が吸収管の中を通ってきた以外の光も吸収したのではないかと考え、その値を引くことにしました。得られた吸光度の数値から 139 mV 差し引くと、吸光度とエチレンの濃度が比例関係になりました。しかしこの結果を別の大会で発表すると、審査員の先生から、「得られた数値に手を加えるのは良くない」という指摘をうけました。そこで吸収管の周りを黒いテープで巻き、吸光器が吸収管を通ってきた光のみを測定できるようにしました。さらに得られたデータに最小二乗法を用いて直線の式を算出しました。吸収管の長さを 2 cm にして実験すると絶対係数 0.9986 と非常に高い精度の、ガスクロよりも安価で短時間で測定できる装置を開発することができました。ちなみに、ガスクロは通常、機械だけで 100 万円、その他の装置も含めると、合計約 150 万円かかります。しかし、今回開発した自作の装置はエチレンの濃度しか測定できませんが、計 7 万円ですみます。また、濃度測定にかかる時間はガスクロでは 1 回 4 分かかりますが、赤外線では 30 秒ですみます。

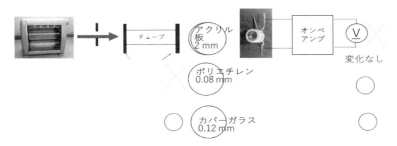

4 熱分解

　研究のメインテーマの一つである熱分解は昨年から大きく進化しました。昨年度のグランドコンテストで我々は多くの方々からたくさんの意見を頂戴しました。特に同じ熱分解の研究をしているチームの指導教員の先生からは、本年の研究の根幹となった面白い意見をいただきました。

　この研究の最大の欠点は、一つの実験にかかる時間が長いことです。本校

は学業に重きを置いているため、部活に使える時間は木曜日、金曜日の2時間ずつだけです。しかし、熱分解を行うのには連続3時間以上必要です。平日は熱分解を行えないので、実験を行えるのは特別な日（祝日、定期テスト最終日など）に限られています。そのため各試料の熱分解が一回ずつしか行えず、一部の先生からは信憑性がないといわれる結果となりました。今後はもう少し工夫を凝らし、短時間で何回も熱分解を行いたいと考えています。なお、エチレンの濃度は赤外線を用いて測定しました。

熱分解

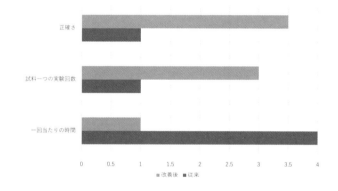

5 熱分解で発生したガスのエチレン濃度の赤外線による測定とガスクロによる測定の相関関係、及びその他のガスの発生

　熱分解で発生したガスの濃度をガスクロでも測定し、相関関係を調べました。すると濃度の関係は比例関係にならなりませんでした。理由を考えると、熱分解で発生したガスを水上置換法で採取する際、アクリルパイプを用いたことに思い当たりました。アクリルパイプはエチレンを吸収する性質があるので、アクリルパイプを用いたことが原因だと考えました。この理由が正しいかどうかは、来年ガラスのパイプを用いて比較することにより、確認するつもりです。また、エチレンとその他のガスの濃度を足しても100％になりませんでした。酸素が発生しているのではないかと考え、一つの試料を用いて測定すると、26％以上発生していました。しかし酸素濃度の測定には

ガスが 100 mL 必要なため、全ての試料で濃度を測定できませんでした。来年はもう少し工夫して酸素の濃度も測定したいです。

6 発表対策

発表のことを考える際、最も心配だったことは大西、川嵜、福田の3人が人前でいかに緊張せずに話せるかということです。まず、6月にある大会に参加し、大西、川嵜の2人は人前でも問題なく話せたのですが、福田は苦手そうでした。

口頭発表が決まったので対策として、人前で話す機会を多く持つことにしました。まず、担任の先生に毎日終礼で壇上に立ち何かを話す機会をつくるようお願いしました。すると、先生が行う連絡事項を伝えるのなら良いと許可が下りたので、さっそく実践しました。日に日に慣れ、あるクラスの HR の時間をいただき実際に本番を想定して発表練習を行うと、発表は以前とは比べ物にならないほど進歩していました。

65

7 口頭発表

高校化学グランドコンテストの準備にはかなりの時間をかけました。まず、論文の作成で 10 回書き直しました。審査で口頭発表に選ばれましたが、嬉しくも不安でもありました。英語でプレゼンしなければならず、パワーポイントの作成には苦心しました。15 回の修正によりスライドが完成しました。その次に原稿を書き英訳し、役割分担です。パワーポイントの作成と同時に原稿を作ってはいましたが、片方を直せばもう一方も直さねばなりませんでした。高一の3人には英語の発表練習だけをしてもらい、原稿などの作成は泉が責任を持ちました。なかなか練習できず、発表本番の練習をすると、一人だけ大きく出遅れました。これが入賞できなかった最大の原因だと反省しています。また、本校から昨年も口頭発表に1チームが選ばれており、比較されるというプレッシャーもありました。今回の口頭発表の経験を後輩は来年につなげてほしいです。

8 研究を通して思ったこと

泉の感想

　発表前は緊張で数日間夜も眠れず、昔から英語は苦手で、英語の発表で失敗すると思っていました。案の定すらすら英語を話せなかったのでもっと発音の練習をしておけばよかったと深く反省しています。パワーポイントが期限ギリギリに仕上がったので、今後は準備の時間配分を改善したいです。

大西の感想

　今回、僕は英語ができないため、ポインターをしました。皆の原稿とスライドを暗記し、どのタイミングでどこを指せばいいかを覚えました。前日には少し緊張したものの、皆の英語での発表をサポートするため全力を出そうと決意しました。迎えた本番ではスライドの不良によりうまく発表できませんでしたが、やることはやったと満足しています。

川嵜の感想

　口頭発表に選ばれたときは、嬉しい気持ちだけれど、英語で発表しないといけないというプレッシャーを感じました。スライドを作って原稿を作り、それを覚える作業が実験よりもはるかに大変だったです。今年の悔しさをばねに、来年は今年よりも良い賞状をとれるよう頑張ります。

福田の感想

　まず、僕たちの研究が口頭発表に選ばれたとき、光栄でしたが、一抹の不安もありました。発表の当日、相変わらず不安でいっぱいでしたが、チームの皆で協力して頑張ってきたのだから、悔いは残らないようにしようと思って臨みました。結果として上位入賞は叶いませんでしたが、僕の英語のスピーチ力は大幅に上がり、次のステップに進むモチベーションになったと思います。

9 研究を通して思ったこと

　2年間環境問題に取り組んできて、環境に対する意識が大きく変りました。現代史、ニュースを通じて環境問題に対する取り組みを知り、国や企業が大きな対策をすべきだと考えていました。しかし、研究を通して環境問題とは全人類が考え、取り組み、解決しなければならない問題であるという認識を

持つようになりました。これからの日本、世界を担っていく一人一人が、地球の現状を真摯に受け止め、環境問題に真剣に取り組むべきだと思います。

10 研究チーム解散

高校化学グランドコンテスト終了後一つのコンテストを挟み、2019 年 12 月 20 日、第二期チームエチレンは解散しました。一年間を通して三大会に出場し、四賞状を授与されたことは今後の人生の糧です。本校では高校 2 年生で部活は引退となっています。残念ながら今後研究に関わることはできず、残りの 3 人である大西勝文、川嵜庸平、福田吉孝が次の高校化学グランドコンテストで上位入賞を目指して頑張ってくれるはずです。

11 最後に

最後に今大会で我々は非常に多くのことを学びました。今後、高校化学グランドコンテストがますます発展し、日本を変えるような研究が出てくるような大会となるよう、参加者の一人として切に願います。

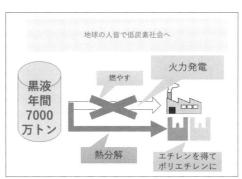

12 指導教諭からのコメント

お疲れ様でした。休みの日もよく実験を繰り返してきました。特に、泉君は苦手なことから逃げずに向き合い、後輩たちと協力し合いよく結果につなげました。大西君、川嵜君、福田君は突き進む泉先輩を良く支えながらも、君たちの力をきちんと発揮し大きく貢献してくれました。最後になりましたが、中島哲人先生、木下光一先生、鹿倉啓史君、その他関わって下さった諸先生方、高校化学グランドコンテスト関係者の皆様に心より感謝申し上げます。

ファラデーに捧ぐ

～アルコールランプの科学−メタノールのきれいな燃焼～

仁川学院高等学校

Member
本田千紗

指導教員
米沢剛至

研 究 概 要

　アルコールランプに改良をほどこしてきれいに燃焼させる試み
を行いました。綿芯のかわりに銅線やスチールウールで芯をつく
る、金属線に白金やパラジウムでメッキをつける、パイトーチ式
の炎に空気を送って燃焼させる、炎の上部に茶こしを被せる、茶
こしに白金メッキをつける、ゼオライトを使うなど13通りのやり
方を試しました。

　その結果、茶こしを被せた場合は、白金触媒と同じ程度まで
有害物質が低減されました。布芯式ではホルムアルデヒドの発
生量を約3分の1まで、二酸化窒素の発生量は測定限界以下ま
で減らすことができました。したがって、この条件を推奨できま
す。温度が低い芯の部分よりも、温度が高い炎の上部に金網が
あるほうが燃焼が促進され有害物質も酸化されることがわかり
ました。この点はさらに検討します。

　題名の「アルコールランプの科学」は、ファラデーの「ロウソク
の科学」にも匹敵するような歴史に残る研究になるようにとの思
いでつけました。

1 研究のきっかけ

　以前の研究が燃焼に関することだったので、次の研究も燃焼に関する研究にしないかと先生に提案されたのが研究をはじめたきっかけです。具体的にはアルコールランプの燃焼、特にホルムアルデヒドの発生量について研究することにしました。第一印象では、アルコールランプの燃焼はあまりに単調で、しかも時間がかかるためにあまり興味を持てませんでした。しかし、実験と考察を重ねていくうちに、様々な発見を得ることができ、非常に楽しかったです。

2 研究とみかん

　実験は休日に進めました。実験を一度するのに３時間ほど必要なので、放課後の時間ではとても足りないからです。朝早くから実験する日はいつも先生がバナナとみかんを用意してくれました。甘くて新鮮で本当に美味しかったです。

　研究だけでなく資料を探すために県境の山のなかにある大学の図書館へ行きました。また燃料電池の開発をしていた方に話を聞かせていただくこともしました。

3 有害物質との戦い

　まず、内炎で発生する気体を吸引するためにガラス管を炎の中に入れ、アスピレーターで吸引した気体を精製水に通してサンプルを作製しました。この時、ゴム管でガラス管を繋ぎました。この実験の問題点はガラス管が熱せられるため、ゴムがとけてしまうことでした。そのためガラス管にぬれたティッシュをまき、蒸発熱で冷却して問題を解決しました。

　次に、燃焼気体をすべて吸引して正確なサンプルを作る方法を考えました。それは、上に穴の開いたバケツをランプにかぶせて、出てきた気体を上から吸引する方法です。実際に行ってみると、部屋を覆うほどのすさまじい量のホルムアルデヒドが発生してしまいました。ホルムアルデヒドのにおいと刺激がここまで強烈だとは思っていなかったのでびっくりしました。炎の周り

をほぼ囲ってしまったため、空気が足りなくて不完全燃焼が起きてしまったようです。これでは正しいデータが得られないので、この方法はボツになりました。

次は、気体を全て吸引するのはあきらめて、漏斗にゴム管をつないで炎の上から吸引することにしました。この方法でも、漏斗が強く熱されてゴム管がとけそうだったので濡れタオルを漏斗に巻きました。全部の気体を吸引できなくても、データにはっきりと違いが現れたので良かったです。

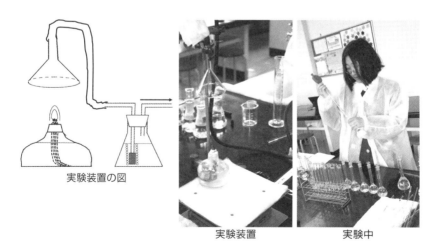

実験装置の図　　　　　　　　　実験装置　　　　　　　　実験中

4 英語との戦い

廊下を歩いていたら、先生がいきなりプリントを渡してきました。それにはグラコンの口頭発表に選ばれたということが書いてありました。いろんな友だちがほめてくれたのでとてもうれしかったです。

しかし、ただ喜んでいる場合ではありませんでした。グラコンでの発表は英語です。私も先生も英語が苦手なので、作成した日本語の原稿を web で翻訳してもらいました。

発音もダメなので昼休みに英語の先生と練習をしました。英語と日本語では物質の名前の発音が全然違ったので苦労しました（ホルムアルデヒドはホルムアルデハイドと発音する）。

英語の先生がバナナとみかんを用意してくれたこともありました。みかんの酸味と甘みがちょうどよかったです。さらに発表がおわったら子猫の写真をあげるといわれたのでがんばりました。

72

5 グラコン1日目

そして高校化学グランドコンテストの日がやってきました。1日目の朝は乗るべき電車がわからなくて別の電車に乗ってしまったり、昼食の海鮮丼に乗っているワサビを大量に食べたりしてさんざんでした。移動中に遊んだ大好きなゲームもうまくいきませんでした。ポスター発表の会場につくと千葉県立大原高校の友だちがいたので安心しました。

ポスター発表の合間に口頭発表のリハーサルがありました。私は一人だったので人数が多い高校がうらやましかったです。リハーサルは本番よりも緊張していました。

リハーサル後はポスター発表を見てまわりました。レベルの高い研究をしていてすごいと思いました。レセプションパーティーではみかんだけではなくパセリやうまい棒、鶏の唐揚げなどの料理があり、どれも美味しかったです。普段は会う機会が無いような人たちと話せて楽しかったです。

6 グラコン２日目

　２日目は口頭発表で本番です。後半の部で１番目の発表なので、質問を予測して答えられるように対策をしました。他の人の発表を見ているとどれも英語で内容がわからないけれど、発表がとても上手だったので私の発表が場違いな気もしました。そんなことを考えていたら発表直前になっていました。

　先生はいつもどおりにみかんをくれました。みずみずしかったけどすっぱかったです。発表ではとても緊張したので少しかんだりもしました。発表が終わると質疑応答がはじまります。審査員からいろいろな質問をされました。想定していた質問はなく、うまく答えられず申し訳ない気持ちになりました。

　発表後の表彰式で自分の名前が呼ばれたとき、思わず後ろの席のひとたちにガッツポーズをしていました。この研究は部ではなく個人でしましたが、多くのひとに支えられました。「高校生による環境安全とリスクに関する自主研究活動支援事業」から助成金を受け白金触媒を購入して実験できました。また英語の練習を見ていただいた、森先生、奥野先生に感謝いたします。ありがとうございました。

73

7 指導教員からのコメント

　ポスター発表の中に、選には入らなかったけれど、すぐれた作品がいくつもありました。今回はたまたま、こういう結果になりましたが、選にはいらなかったからといって、できがわるかったというわけではありません。審査委員の好みも左右していると思います。どうかがっかりなさらずに、自分の「好き」をこれからも持ち続けてください。

　本田さんにみかんやバナナをだしたのは、「朝食を食べてきていない」と言っていたからで、実験をするにはまず食生活を健全にしてほしいものです。

好みの色に輝く大きなビスマス結晶の謎にせまる

聖霊女子短期大学付属高等学校 科学部

Members
髙階希果、長縄優花、大野夏蓮、鎌田沙里、金歩佳、
畠山麗美、佐々木寧音、前田捺美、白鳥里奈、田鎖志歩

指導教員
福原知恵

研究概要

　私たちの研究テーマは、虹色に輝き、骸晶という特殊な形をもつビスマス結晶に関する研究です。本研究では、はじめにより大きな骸晶を作製する目的で実験に取組みました。その結果、過冷却状態のビスマス融解液にステンレス製の金属棒を入れて骸晶を取り出す方法が、最も安定した形で大きな骸晶を得る方法だとわかりました。

　次にビスマス結晶の色に関する研究に取組みました。多様な色がビスマスに見られる原因は、骸晶表面に形成された酸化ビスマスの厚さや酸化ビスマス自身の光の吸収率などにより起こる「光の干渉」という現象にあります。骸晶の表面を酸化するために陽極酸化法を用いたところ、電流の流れる時間とともに色も様々に変化し、結晶表面の酸化と色との関係性を見いだすことができました。また、骸晶の表面の吸収スペクトルを測定したところ、緑色の結晶だけが他とは違う形のスペクトルを示すことがわかりました。そこで表面に多重膜構造が形成されていると考察し、走査型電子顕微鏡による結晶表面の観察とX線回折測定を行いました。しかし、緑色の骸晶と他色の骸晶との間に明確な違いが見つかりませんでした。この点に関しては今後も継続研究したいと考えています。

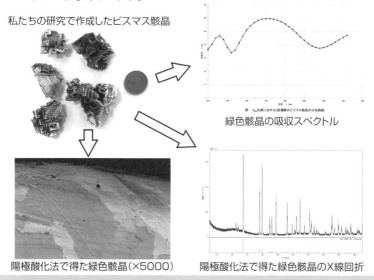

私たちの研究で作成したビスマス骸晶

緑色骸晶の吸収スペクトル

陽極酸化法で得た緑色骸晶（×5000）

陽極酸化法で得た緑色骸晶のX線回折

私たちの研究は、先輩がビスマスの特長に興味を持ったことからはじまりました。私は高校入学までビスマスのことについて何も知らず、はじめて見たときは「こんなものが地球上に存在するんだ！」とただただ驚き、実験を重ね研究を進めていくうちに、どんどんビスマスの魅力に惹き込まれていました。

　私は高校に入学するまで理系科目に苦手意識がありましたが、友達に誘われ科学部に入部しました。部活動を通して身の周りの現象に興味をもち、疑問を解決することの面白さに気がつき、科学を心の奥底から楽しめました。内面の大きな変化に驚いています。

　研究は楽しいですが、大変なことも多くあります。例えば、ビスマス融解液から大きな骸晶を取り出す実験では、ビスマス骸晶を金属チップの状態から液体にするために加熱する必要があります。寒い時期なら良いのですが、夏に実験を行うと実験室がサウナ状態になるため、いつも実験の時は汗が止まらなくなります。さらに汗が少しでも金属に触れると危険なので、汗が入らないように常に気を張っていなければならず、ハラハラした実験でした。

　また大きな骸晶が得られる方法が確立できるまで、何度も何度もビスマスを熱しては取り出すという工程を繰り返していました。「大きい骸晶が得られた！」と思っても、誰が何回やっても同じように大きな骸晶が得られないといけないので、実験成功となるまでの道のりはとても長いものでした。一方で実験がうまくいくと喜びが大きく、これまでの長い道のりも忘れてしまうくらいでした。

　特に、ビスマスの色を好みの色に酸化する実験は、視覚的な変化が感じられる実験で、楽しい実験でした（図1）。

　私たちが行った陽極酸化法は中学校で習ったものです。この電気分解という方法をビスマス結晶に用いると、みるみる色が変化し、不思議で面白かったです。回数を重ねると、どのくらいの時間で何色が出てくるなど予想がつくので、自分のタイミングで取り出して、部員それぞれが好きな色の骸晶を作って楽しみました。時には、骸晶を一気に水溶液から出すのではなくゆっくり出すことによって、虹色のビスマス骸晶を作ったりもしました。

　文化祭で展示をすると、たくさんの色に輝くビスマスを見て興味を持ってくれたのが嬉しかったです。特に幼い子どもがキラキラとした目でビスマスを見ていて、視覚で楽しめる研究を選んだ甲斐がありました。

図1　5％水酸化ナトリウム水溶液とビスマス結晶を用いた陽極酸化法の結果。なお、
　　　図中の時間は電気分解の時間。

今回、高校化学グランドコンテストには締め切り直前で応募しました。いままで出場した大会は地元で行われた理科研究発表大会のみだったので出場できるのか不安でしたが、県外遠征で大阪に行けるなら嬉しいという心境でした。大会にはポスター発表と口頭発表があり、どちらも慣れていないので緊張するはずです。結果はなんと口頭発表への選出です。信じられませんでしたが、挑戦できるとてもよい機会を手に入れたのだから精いっぱい頑張ろうと決心しました。

　すぐに原稿作りに取組みはじめたものの苦労の連続でした。日本語で原稿やプレゼン資料を作ることさえ、全員が初心者で時間がかかっていました。さらに英語で原稿作りをしなければならないということになり、途方に暮れました。しかし、放課後に帰宅時間ぎりぎりまで粘ったり、土曜日に学校に登校したり、英語の先生に添削してもらったりで、ようやくプレゼンと発表用原稿を完成させることができました。

78

　完成した原稿を覚えることが今回の最大の壁になりました。英語を日常生活で話す機会なんて滅多にありません。しかも、今回はこれまで聞いたことのない英単語の羅列でした。発表者の部員には英語が苦手な人もいます。私は比較的英語は好きですが、なかなか原稿を覚えられません。毎日家に帰ると原稿と向き合い格闘する日々でした。当然ながら、ただ読むだけでは何の意味もありません。聴衆に「伝える」という意識のもと、ゆっくり正確に、はっきりとした大きな声で話すことも意識しました。原稿を覚えるだけでなく、最終段階ではスライドにまとめたことを自分の言葉で伝えることも本番で忘れないように練習に取組みました。英語ならではの強弱や間のとり方に気をつけるのが大変でした。休日も活用してやっと原稿を覚え、発音やイントネーションの最終確認をし、学校での練習が終わったときは達成感とともに緊張が一気に押し寄せてきました。でも学校の先生や部員、クラスメイトたちの応援の言葉に応えるためにも頑張ろうと思いました。

　大阪に向けて出発する日がきました。その日の朝はどことなくそわそわした気分でした。個人的に大阪に行くのははじめてで、普段県外に行くこともあまりないので、飛行機ではずっと落ち着きが無かったです。大会の1日目はポスター発表のみだったので、他校の研究発表を聞いていました。発表を聞いてみると、どの学校も面白いテーマで斬新な発想から研究をしており、同じ高校生として感心しました。また、全国各地の研究大好きな科学部だけ

あってポスターのまとめ方が簡潔で口頭での発表もわかりやすく丁寧で、理系分野が苦手で専門知識がなくてもちゃんと理解できました。研究に取組んでいると、基礎的な分野は既知ものとして進めていってしまいがちになり、広い視野で物事を見ることができなくなってしまうことがあります。研究を第三者に理解してもらうために普段は当たり前に使っている専門的用語や実験方法をわかりやすく伝える大切さを改めて感じました。ただ、やってみると実際はなかなか難しい行程でした。おもしろい研究発表を聞くことができ、充実した1日でした。

　大会当日の朝を迎えました。地元秋田を出発した朝もかなり緊張していたのですが、ホテルを出発するときの緊張は、それをはるかに上回るものでした。

　前日のリハーサルで会場全体の雰囲気は確認していたのですが、本番を迎え客席が埋め尽くされると、ステージと客席との距離がとても近くなったように感じました。圧力のような雰囲気のなか緊張感が一層増します。いよいよ出番が近づき、ステージ裏へ行くとやはり他の部員もかなり緊張しているようでした。私は部長でしたので他愛のない会話や笑顔を絶やさず、緊張や他の部員の不安をできるだけやわらげるよう努めました。

79

　いざ本番です。発表しているときの記憶はあまりありません。一瞬で過ぎ去ったようですが、やってきたことを精一杯ぶつけることができたという感触はありました。発表後は苦労や困難をすべて忘れるくらいの達成感に満ちあふれていました。聴衆の方々からも質問をいただき、気が付けなかった視点から研究を捉えることができました。

　今回は発表だけでなく、他校の科学部と交流するまたとない機会に恵まれ意見交換や話ができたのは大変貴重な経験となりました。

金賞受賞

太陽光照射で進む
ラジカル反応に関する研究

大阪府立高津高等学校 科学部

Members
林流星、迫琢磨、武田正斗、角田浩基、矢﨑彰

指導教員
唐谷ゆふ、藤村直哉

研 究 概 要

　　対流圏オゾンは我々の生活する地表付近に存在するオゾンであり、健康に害を与える光化学スモッグの主成分です。紫外線が二酸化窒素に当たることで生成します。さらに、OHラジカルと揮発性炭化水素（以下VOCと表記）があるとラジカル連鎖反応が起こり、より多くのオゾンが生成します。我々はこの現象に注目し、VOCとしてイソプレンとトルエン、反応物質として二酸化窒素と塩素を使用しました。イソプレンは森林から発生するVOCでトルエンは人工VOCです。塩素は塩素ラジカルの形成を期待して使用しました。その結果、二酸化窒素とイソプレン、塩素とトルエンを使用したときに大きなオゾン濃度の上昇が見られました。塩素を使用すると塩素ラジカルが生成し、OHラジカルとともにラジカル連鎖反応を起こします。二酸化窒素とイソプレンの組み合わせによるオゾン濃度上昇は以前より知られていましたが、塩素とトルエンの組み合わせは新しい発見です。

1 研究のきっかけ

「先生から救いの手が…！」

　7月某日、夏休みに入る前でした。顧問の先生から「グランドコンテストで発表する研究を決めとけよ」と急かされていたのに研究内容が決まらず焦っていました。科学部に入って早2ヵ月がたち「そんな短期間で研究することを決めろだなんて…」と思っていました（自分で課題を見つけさせる先生の姿勢は納得できるんですけれど）。すると顧問の先生から救いの手が差し伸べられました。「オゾンの研究をせえへんか？」その言葉を聞いた瞬間、「これでもう、どんな研究をするか悩まんでいいぞ！」と思いました。研究課題を決めるには理由が不純ですかね（笑）。でも本当にそう思いました（今では、この研究を選んで大正解だったと思っています）。しかし、集められたメンバー全員がオゾンについてほとんど知らず「オゾンの研究にするべきか…」と決めかねていました。そのとき先生から、「なぜこの研究がはじまったのか」について説明がありました。それを聞いて率直に面白いと思い、他のメンバーもやる気があふれているようでした。

　しかし、早くも問題が発生…。一連の反応の中で主にオゾン発生の部分が理解できず、「これは前途多難の予感…。この状態で実験なんてできるのか？」と不安に思っていたのですが、実験はいたって簡単でした。ただ指定の薬品を指定の場所に入れるだけでした。そう言ったら怒られますかね（笑）。

　オゾン発生について理解がまだ深まっていない段階で、実験がはじまりました。この研究の最重要項目「ラジカル連鎖反応」については、高校化学グランドコンテスト開催の1週間前まで理解できていませんでした…（メンバーには理解できているふりをしていました。ごめんなさい！）。

2 実験中のエピソード

①実験がはじまりました！　暑い！！！

　1学期の授業が終わり夏休みに突入ですが、休みではなく「部活を頑張る期間」だと思います。やる気は十分で、科学部ではそれぞれの研究チームで実験がスタートしました。「さてさて、運動部は暑い外で頑張っているなあ〜。運動部の人には申し訳ないけど、涼しいクーラーの効いた部屋にいさせ

てもらいますよ」と思っていると、先生が「オゾンの実験は外でやんで」とおっしゃいました。「嘘やろ⁉　なんでや！」嫌だけど我慢するしかないかと思い実験を外でしました。文化部の夏だけど、クーラーの効いた部屋にいられるという特権はいずこへ。先輩方は涼しい部屋にいるのに…。

83

②実験の説明

　ビニールシートを貼ったチャンバーを使って、学校の中庭で実験をします。

　オゾンを十分に発生させるために、紫外線量の多い、つまり日差しの強い日に実験をします。チャンバー内には小型ファンを入れ、添加した気体を循環させました。オゾンの発生にはもとになるオゾンが必要なので、オゾンランプというオゾン供給器を使ってチャンバー内のオゾン濃度を大気水準に近づけました。ここに VOC を添加してからラジカル源（二酸化窒素か塩素）を添加すると、やがてオゾン濃度が緩やかに上昇します。その後、オゾン濃度は徐々に低下し、大気水準程度に戻ります。オゾン濃度の測定には、公的に使われている測定器を使用しました。

チャンバー

二酸化窒素とイソプレンの組み合わせは先行研究でオゾン濃度を上昇させることが知られています。そこで、イソプレンと二酸化窒素を使って練習を10回ほどしました。薬品を入れるだけですが数十秒変われば結果も変わるので、時間がとても重要な実験です。最初は時間の調整が

測定器

難しく、オゾン濃度が上昇しなかったりしました。しかし、実験を重ねるごとに感覚をつかんで、薬品を入れるタイミングもだいたい決まるようになりました。それからは、新たな試みであるトルエンと塩素を使用する実験を行いました。トルエンを使用した場合はイソプレンのときよりオゾン濃度が上昇しやすかったです。塩素を使用したときも、二酸化窒素を使用した場合よりもオゾン濃度が高かったです。原因として、塩素がラジカル連鎖反応を起こしていることを考えています。「こんな実験は他のどこでもやってない」と先生はおっしゃるのですが、やることがそれほど難しくなく、本当に珍しいことをやっているという実感が湧かなかったです。唯一そう思うときは、近くを通る先生が興味津々でこちらを見ているときや、「何をしているの?」と聞かれるときぐらいでした。

活動日の朝から晩まで実験を続けました。夏休みが終わりを迎え、僕たちは実験を無事終えました。こうして、文化祭をはさみ考察の段階に入りました。ただ、考察が最大の難関になりました。

84

③ 発表の準備で大忙し!

考察は先生のアドバイスを受けながらなんとかまとめることができました。しかし書いた文章を読んでも、イメージが湧きませんでした。特にわからないのは化学式です。この実験で最も重要な内容である「VOCが何とどう反応しているか」つまりラジカル連鎖反応の化学式です。実験がかなりスムーズに進んでいたので、内容がもともと難しいことを忘れていました。実験をしているころは好奇心が勝って急速に進みましたが、発表の準備は停滞していました。しかし、一気に進んだのは高校化学グランドコンテストの1

週間前、口頭発表の練習をはじめたころです。1週間で、パワーポイントと台本を一気に完成させたので忙しかったです。さらに先生から説明を受け、やっと概要が理解できました。ギリギリでしたが発表できるぐらいになりました。「完成度が高いんじゃないか」と発表当日までは思っていました。

4 高校化学グランドコンテストの当日

　発表前日のポスター発表の時間はポスター発表を見ることができないぐらい練習をしていました。するとだんだんと自信が付き、やる気が込みあがり、すぐにでも発表をしたいぐらいでした。ところが、リハーサルのときに気になることがありました。僕たちが発表1番目だったのですが、2番目の発表グループがパワーポイント作成と説明を英語でしていたのです。驚くより感心し「いつか自分も英語でできたらなあ～」と他人事のように感じました。ただ、日本語での発表にさえ苦戦していることに不安を感じてきました。そのおかげか前日練習にはかなり熱が入りました。

　そして…発表当日、久しぶりに緊張し不安でした。しかし、発表は練習の通りにでき、一気に緊張がほぐれました。質疑応答にはうまく答えられませんでしたが、なんとか乗り切ったはずです。あとは残りの発表を聞くだけなのですが、ほかの高校は英語で発表しているのです。「もしかしてグランドコンテストではこれが当たり前なんじゃないか。来年は絶対に英語で発表してやる」と決意しました。偶然とはいえ発表が最初で救われました。

発表

5 受賞の瞬間からいま

　金賞を受賞できました。口頭発表に選ばれたことはすごいと思いますが、選ばれるだけでは満足できません。最高の評価、高校化学グランドコンテストでいえば文部科学大臣賞をとるまで目標は達成されません。先輩方は数年前この研究の先行研究で賞をとっていますが、残念ながらその成績を超える

ことができませんでした。これから一年間研究を続け、さらに完成度の高い研究を高校化学グランドコンテストの舞台で発表したいです。また今回は日本語での発表だったので来年は絶対に英語で発表ができるように頑張ります。

　最後に、この研究とは偶然出会ったものです。しかしずっとこの研究をしていきたいです。「一期一会」がまさか僕のところにも起こるなんてやっぱり先人のいうことは信憑性があるのですね。来年も高校化学グランドコンテストに参加できるよう、精進してまいります。ご精読ありがとうございました。

Chapter 7

ポスター賞への軌跡

誘導時間が自然短縮する原因の究明
千葉県立大原高等学校 生物部 化学研究班

デンプンとデキストリンのラセンとヨウ素錯体の電解質による沈殿反応の謎にせまる
大阪桐蔭高等学校 理科研究部

Fischerエステル合成における硫酸の関与について
福島県立安積黎明高等学校 化學部

ルミノール反応における時間を考慮した測定法
静岡県立清水東高校 自然科学部 化学班

色あせと紫外線
愛知県立明和高等学校 SSH部 物理・地学班

溶媒によって氷がとける早さが違う理由
愛知県立明和高等学校 SSH部 化学班

不燃木材の作成
天王寺高等学校 化学研究部

染色によるプラスチックの識別に関する研究
大阪府立高津高等学校 科学部

ペクチンを用いた生分解性を示す高吸水性高分子の創製
大阪府立四條畷高等学校 探究ラボ

炎色反応の規則性　3種類の炎の並び方
奈良県立奈良高等学校 化学部

誘導時間が自然短縮する原因の究明

千葉県立大原高等学校 生物部 化学研究班
Members 鏑木美優、山田リサ、河野織音
指導教員 両角治徳

研 究 概 要

　ジャガイモの切り口にヨウ素液をかけると「ヨウ素デンプン反応」が起こり紫色に色が変わります。私たちが研究をしている「ヨウ素時計反応」は、色が変わるまでの時間を少し遅らせる化学反応です。この時間のことを「誘導時間」と呼びます。私たちが研究をはじめる前から、薬品の割合や温度などによって、誘導時間が変化することがわかっていました。先輩たちは、同じ条件で反応させても、溶液が古くなると、誘導時間が短くなる現象に気がつき、「自然短縮」と名前を付けました。過去の文献を調べているうちに、空気中の酸素がこの現象の原因であると書かれてありました。しかし、二酸化炭素や溶媒の水もこの現象を引き起こしている原因であることを見つけました。

　さらに自然短縮の原因を調べるために、長時間の誘導時間の連続測定や、水溶液のpH・酸化還元の変化を詳細に捉えました。結果、どの物質が、どのような条件下でどのように影響を与え合っているかを調べ、想定される化学反応の流れを導き出すことができました。

鏑木美優（私）：寝るのが大好きな、のんびり少女です。
山田リサ：日本語よりも、英語の方が得意な帰国子女です。
河野織音：実験をしたり、イラストを描いたり大忙し少女です。
両角治徳：今年も登場のざっくり先生です。

1 のんびり少女が、超ブラック部活に入部した！

　私（鏑木美優）は、2年生で理系を選択したものの「理系」に向いている
とは思っていませんでした。しかし「化学の研究活動」をするはめになりま
した。

　「生物部化学研究班」とは、部活動のなかで「コンテストでたくさん賞を
もらっているが、超ブラック部活だ」という認識でした。11月の下旬ごろ、
指導教員であるざっくり先生が「鏑木さ〜、化学の研究してみない？」と、
突然声をかけてきました。戸惑う私に、急遽部員の補充が必要になったので、
入部してほしいという旨の説明を矢継ぎ早で話してきました。毎日のように
繰り替えされる入部勧誘攻撃を断り続けました。化学の研究なんて無理だと
思っていましたが、進路決定が近づいているこの時期になっても、調査書の
部活や資格・検定の欄が真っ白だったので、（ほんのちょっとだけ）焦って
いました。担任の先生や友達に相談すると、「いいチャンスだよ」と無責任
に言うばかりでした。ざっくり先生の「できないことはしなくていい。頑張
らなくていい」という甘い言葉に誘われて超ブラック部活に入部してしまっ
たのでした。

89

2 のんびり少女が、奮い立った！

　入部したら覚えることが山のようにあり、まずは「ヨウ素時計反応」の理
論です。授業で習ったはずですが、まったく覚えていません。吉田有佐先輩（前
年に審査委員長賞を受賞した先輩）に何回も説明してもらい、すこしずつ覚
えました。また論文の書き方や発表資料の作り方、ガラス細工や測定機器の
使い方など、覚えることが次々出てきました。特に、試薬の調製、少しのミ
スも許されないので、何度も作り直しました。入部当初は「ああ、家に帰っ
て寝るだけの幸せな時間は、二度と帰ってこないんだ」と後悔しました。

1月上旬、はじめての発表会がありました。この発表会を最後に有佐先輩は引退で、河野織音ちゃんは、受験勉強のために研究活動から離れます。最終的に英語が得意で、日本語が苦手の山田リサちゃんと私の2人だけになります。4人で活動できるのは、この大会が最後でした。

　ざっくり先生からは、「去年は、ここで優秀賞をもらったから、きちんと発表できれば、賞がもらえるはずだよ」なんてプレッシャーをかけられました。不安と緊張に押しつぶされながら挑みましたが、受賞できず「私のせいだ。堂々と発表できていれば」と自分を責めました。のちにいくつかの発表会にでるも賞を獲ることはできませんでした。

　3月中旬に織音ちゃんの代理として表彰式に出席した帰り道で、ざっくり先生に「代理だけど、美優が受け取ったんだから、美優がこの賞状を持って帰ってもいいよ」と言われました。その言葉が悔しくて、「賞は、自分で獲るからいいです」と答えていました。ざっくり先生のざっくりとした言葉で、自分自身の負けず嫌いが奮い立つきっかけになりました。「これからの大会は絶対に結果を残そう」と心に決めました。

③ のんびり少女が、のめり込んだ！

　「発表資料や原稿を美優の言葉に全部直してごらん」ざっくり先生が、めずらしくまともなアドバイスをくれました。そして、リサちゃんと私の研究活動がスタートしました。

　まず、研究の目的を見直し、自然短縮の原因究明に、ポイントを絞ることにしました。

　主体的に研究を進めると、有佐先輩から教わったことが、だんだんとつながってきました。私たちは「やればできる子」だったのです。

　有佐先輩たちは、測定誤差を小さくするために、初日に大量の溶液を調製し、何日も使用し誘導時間の測定実験を繰り返しました。すると、日に日に誘導時間が短くなる現象に気がつきました。この現象にはそれまで名前がなかったので「誘導時間の自然短縮」と名付けました。

　過去の研究論文の添書きに、短縮した現象について多少触れていましたが、詳しく調べた研究者はいません。有佐先輩たちも、自然短縮の原因の特定までには至らず「あとは、美優ちゃんとリサちゃん頑張ってね〜」っと、卒業

してしまいました。

　それからずっと実験とデータ処理が毎日続きました。放課後を使っておおよその予測をつけてから、週末に学校に泊まり込んで24時間の誘導時間連続測定をしました。大原高校の化学実験室には、エアコンがなく気温や気圧がそろっている時期にまとめてデータを取らなければなりません。春休みやゴールデンウイークは家にいる時間の方が短いくらいでした。

　24時間の連続測定はものすごく眠たいです。食事は先生が作ってくれるので楽しみなのですが（ざっくり先生は何を注文しても上手に料理してくれます）、一番の敵は眠気です。そこで、眠気覚ましのDVDを見る許可を先生にお願いすると、「いいけど、測定を飛ばすなよ！」と言ってくれ、実験を繰り返しました。

4 のんびり少女が、大阪に攻め込んだ！

　夏から秋にかけての論文執筆や発表会の超過密スケジュールを駆け抜け、秋の発表会シーズン最後の大阪市立大学「高校化学グランドコンテスト」に臨みました。この発表会で、リサちゃんと私は部活を引退すると決めていました。

　私たちは、ポスターを2枚準備していました。私が使う日本語のポスターと、リサちゃんが使う英語のポスターです。グラコンは海外からの高校生も

くるので、磁石で簡単に取り替えられるようにしたのです。

　発表会場には賞品の盾が並んでいました。「絶対に賞を取ってやる！」と
やる気がわきでました。発表は前半のグループだったので、他の学校がどの
ように発表するかわかりません。ちょっとだけ不安になると、ざっくり先生
が会場を一周してきて、「大丈夫！　大原高校のポスターが１番いいよ！」
と耳元でこっそり言って、またどこかに行きました。何を根拠にそんなこと
を言うのかわかりませんが、思いっきりやろうと腹をくくりました。ポスター
の前から人がいなくなったら、リサちゃんが「ハナシヲ　キキマセンカ〜」
と人を集めてくれます。どんどんと、私たちのポスターに人が集まってきま
した。ミニ実験をしたり、iPad を使って、画像やグラフを見せたりしてい

るうちに、海外の高校生がきたので、
リサちゃんが空いていた隣のパネル
に英語のポスターを（内緒で）貼っ
て説明をはじめました。結局、後半
の部になっても興味を持ってくれる
方がいたので「説明しましょうか？」
と声をかけて発表をしました。3時間、
立ちっぱなし、しゃべりっぱなしのポスター発表でした。

5　のんびり少女が、大はしゃぎ！

　2日目の口頭発表は、仲良くなった学校の発表など楽しく聞いていました。
リサちゃんは、「エイゴデ　ハッピョウ　シタカッタ〜」と悔しそうでした。
　結果発表の瞬間がやってきました。私には根拠のない自信がありました。
きっとざっくり先生の影響です。一番に大原高校の名前が呼ばれました。「ポ
スター賞」と「シュプリンガー賞」のダブル受賞でした。飛び跳ねるように、
ステージに駆け上がりました。賞状と盾を受取り顔を上げると、はじめてす
ごいところに立っていることに気がつきました。

6　ざっくり先生からのひとこと

　大原高校の生物部化学研究班は、実験は好きだけど、難しいことを考える

のは嫌い。人前で話すことは、恥ずかしい。という生徒をそれとなく（時には強引に）集めて、4年間活動してきました。出展できそうな発表会があれば、どこにでも飛んでいきました。もちろん、専門の先生方からアドバイスをもらうことが一つの目的ですが、きちんと目標を持って物事に取組めば、きちんと評価してもらえるということを知ってほしかったのです。そして、知っている点を繋げることで、知らないことや見えないことが、想像（創造）できるようになると気づいて欲しかったのです。

　器具を壊したり、試薬をこぼしたり、測定を飛ばしたりの繰り返しだった生徒たちだったが、化学研究で過ごした時間を「思い出」ではなく、未来を築く「知識」や「経験」としてくれればうれしいと感じています。

　それでは、私は、次の弟子を探すとしましょう。

デンプンとデキストリンのラセンとヨウ素錯体の電解質による沈殿反応の謎にせまる

大阪桐蔭高等学校 理科研究部

Members 中野内亜美、宇都宮稜、麻井寿莉
指導教員 中島哲人、木下光一、有馬実

研　究　概　要

　ヨウ素にデンプンを入れると青紫色に呈色することは一般に知られています。また、そこに電解質と呼ばれる塩のような物質を入れると、青紫色に沈殿します。その沈殿の原因を探るのが私たちの研究です。

　また、デンプンに似た物質であるデキストリンをデンプンの代わりに使用した場合、どのようになるかを調べようと考えました。

　沈殿の原因を調べるために「ヨウ素を入れずデンプンやデキストリンだけに、電解質を入れる」「ヨウ素、デンプンやデキストリン、電解質の量または入れてから放置する時間を変える」「ヨウ素が電気を帯びているかどうかを確認するために電気泳動をする」など行いました。

　結果、ヨウ素－デンプンやヨウ素－デキストリンは電解質、硫酸ナトリウム（Na₂SO₄）を加えることにより沈殿して簡単に取り出せることがわかりました。そして、沈殿として得られた物質は「分子カプセル」とみなすことができます。ヨウ素は危険な物質ですが、分子カプセルになると、扱いやすくなることから様々な方面（たとえば消臭、消毒、試薬、食品、医薬などの分野）での利用が期待されます。

1 研究動機

　研究をはじめようと思ったのは、指導教員の一人である中島先生の紹介がキッカケです。ヨウ素デンプン反応を利用したもので、多くの人を救う可能性があるというところに感銘を受けました。例えば消臭、消毒、試薬、食品、医薬などの分野においてです。

　ヨウ素デンプン反応という誰でも知っているような実験を発展させることで、様々な道が拓けることに興味を引かれました。そこで、私の所属する部活である理科研究部の部員と顧問の先生方の協力を得て、研究を開始することにしました。

2 研究中のエピソード

中野内

　研究でとくに大変だった2つをご紹介したいと思います。

　まず実験では様々な試薬と何十個もの試験管を使いながら、一本一本の試験管でどんな実験をしているのかすべてを把握しなければなりません。

　当たり前のことではありますが、なかなか苦労しました。そのうえ同じ実験を3回行いデータの平均をとることで実験結果の信憑性を深めなければなりません。つまり量は3倍です。膨大な量の実験をこせたのは宇都宮くん、麻井さんが積極的に協力してくれたおかげです。

試験管

　最後に知識です。化学の授業でデンプンやデキストリン、親水コロイド、疎水コロイドなどは習っていましたが不十分でした。実験をしたり結果をまとめたりすると理解できず、先生方に質問をしながら知識を深めると、研究の際に不自由に感じない程度には知識が得られ成長できました。

麻井

　私はヨウ素‐デンプン、デキストリンの電気泳動実験を特に頑張りました。電気泳動実験ではカンテンを使っています。繊細なカンテンを持ち運ぶとき

やカンテンの中に試料を入れるときに、カンテンが落ちたり割れたりしたらいけないので慎重に実験しました。

　カンテンを落とさずに運び試料も入れてしっかりとマイナス極に移動したときはとても嬉しかったし、次の実験に対する自信にもつながりました。

　また実験当初は電解質の名前を覚えきっておらず、電解質がどこの場所に置いているのか探すのに時間がかかりました。名前を覚えてからは速やかに実験を行うことができました。

　驚いたことはデンプンとデキストリンの呈色する色が若干違うことです。

　実験のエピソードは、私が頑張って作ったカンテンを先生が全部捨てるという事件があり、腹が立つというよりおかしかったです。あとは電気泳動の機械が壊れていて、1日中何も実験ができない日もありました。

3 資料製作に関するエピソード

　ポスターの製作は他の研究をしていた時分に経験があり作成なれしていましたが、もちろん苦労した部分はあります。

　一つ目は、実験結果が多かったので1枚のポスターにまとめるのに苦労したことです。表や図を駆使しなんとかまとめきりましたが時間がかかりました。部活は週2回しかないので、放課後や休日も発表用ポスターや原稿に取組みました。

　二つ目は表の見せ方です。表は視覚的にわかりやすいですが、表だけでは不十分です。文字や図、写真、表をどのくらいの分量でどの位置に配置するか考え結果を示す表は特に工夫しました。

4 | 発表前日、当日のエピソード

中野内

発表前日は部活の日でしたので、宇都宮くんと麻井さんの３人で発表の練習をすることができました。研究についての勉強をしてきたとはいえ、発表に関しては少し不安がありました。なぜなら、私と宇都宮くんはこの研究の発表を人前で披露したことがないからです。また、麻井さんはポスターを使っての発表をほとんどしたことがありません。前日は時間の許す限り練習しましたが、満足のいく仕上がりではありませんでした。

私たちは後半の発表です。はじまってすぐに発表を聞きにくる人が集まり、次の発表を待つ列ができたので、少し焦りました。なぜなら大失敗した経験があったからです。

中島先生が「賞を受賞した高校はたくさんの審査員の方が聞きにくる」と言われていたので苦い経験は忘れ、突き進みました。休憩もとらずしゃべり続けたので喉はカラカラでした。

収穫としてはわかりにくい部分などの指摘をもらったことです。興味深かったのは「今後の展望」についてです。研究を発展させると、どのように社会の役に立つかなどをまとめていました。個人的にはあまり重要視していなかったのですが、もっと深く掘り下げ、研究のアピールポイントにできるようするつもりです。来年は部活動ができませんが、研究を継ぐ後輩にとって勉強になりました。

麻井

発表当日に数学検定をうっかり申し込み、発表と受験をこなすハードスケジュールでした。数検のおかげでポスター賞とシュプリンガー賞の受賞に立ち会えず、来年は気をつけたいです。

ポスター発表中は緊張しました。なぜなら、大学の先生方が多かったからです。ただしっかりとアドバイスをくださりました。来年の研究に繋げます。

5 受賞の瞬間

　授賞式の直前、100以上ある研究チームから研究が選ばれるなんて露程も思っていなかったので気を抜いていました。

　1校目の研究が読み上げられ、2校目に「PP100 大阪桐蔭高等学校」と言われました。半信半疑で隣に座っている先生を見ると、笑顔で「行っておいで」と背中を押してくれました。しかもポスター賞とシュプリンガー賞のダブル受賞です。壇上に上がって賞状や副賞をいただくのですが、文字通り抱え切れませんでした。研究が評価されたことは嬉しくも誇らしくもありました。

6 研究において大事なこと

　私は特に化学に興味があったわけでなく理科研究部にはクラスメイトの勧誘で入部しました。おかげでデンプンとデキストリンの実験ができ、ポスター賞とシュプリンガー賞という2つの賞を受賞しました。実験にしてもなんにしても、あまり考えずに縁があればやってみることが一番大事だと思います。

7 指導教員からのメッセージ（有馬先生）

　お疲れ様でした。活動時間の短い中で、質・量ともによく実験したと思います。特に中野内さんは、部長をしながら他の研究チームにも気を配りながら自分たちの研究をよくぞここまで進めました。麻井さん、あなたは先生方や先輩の指導を丁寧にかつ迅速によく形にしていきました。そして宇都宮君、率先して前に出ることはないもののよく周りを見た的確な行動はこの研究を支えてくれました。最後になりましたが、中島哲人先生、木下光一先生、鹿倉啓史君、その他関わって下さった諸先生方、グランドコンテスト関係者の皆様に心より感謝申し上げます。

おもしろ化学の疑問Q3

スマートフォンを操作できる手袋とできない手袋があるのはなぜ？

A3 スマートフォン・カーナビ・ゲーム機などのタッチパネルは、指先が画面に触れたときの動きを認識します。指先の動きを認識する仕組みは、「抵抗膜式」と「正電容量式」に大きく分類することができます。「抵抗膜式」では、圧力が伝えられるものであれば問題ありません。一方で、「静電容量式」では、指先が触れたときに生じる電気的変化を検知し、指先の動きを認識しています。つまり本来、手袋のような電気を通さない物質を身に着けている場合、「静電容量式」のタッチパネルは指が触れたことを検知してくれません。そこでこの問題を解決するために、近年、手袋全体に電気を通す性質を持つ「導電性繊維」を含んだ手袋が開発されました。このおかげで、寒い冬でも手袋を装着したままタッチパネルを操作することができるようになりました。

Fischerエステル合成における硫酸の関与について

福島県立安積黎明高等学校 化學部

Members 小林龍之介、吾妻茜里、森谷侑紀
指導教員 遠藤喜光

研 究 概 要

　教科書には酢酸エチルの合成に濃硫酸を酸触媒と脱水の役割として用いると記載されています。その一方、90 ％以上を濃硫酸と定義し、それ以下の濃度では脱水能力を持たないとされていますが、硫酸濃度と脱水能力の関係を定量的に示した文献は見当たりませんでした。そこで、硫酸の脱水能力の検証を行い、Fischerエステル合成における硫酸の関与について研究を行いました。その結果、76 ％硫酸まで高い脱水能力を有し、Fischerエステル合成による酢酸エチルの合成には、76 ％硫酸の方が濃硫酸より短時間で同等の収率を得ることが可能であることが判明しました。このことは、76 ％硫酸が濃硫酸と比較して高い酸触媒能力と同等の脱水能力を持つことを意味しており、安全面や経済面を考慮すると濃硫酸に勝ると考えられます。

1 安積黎明化學部とは？

「教科書の一歩先へ…」

この言葉は安積黎明化學部が研究を行う際に代々モットーとしてきた言葉です。教科書は学生が物事を学ぶ基礎として、問題を解く上では内容をしっかり理解しているかが問われます。

しかし教科書を読んでいると「なぜこうなるのだろう」「本当にこうなるのだろうか」という疑問は必ず生まれてくるものです。疑問を追求すると、新たな学びにつながり理解を深めるカギとなると信じています。

2 研究動機

本研究は、研究概要にもあるように教科書に記載されている酢酸エチルの合成法で濃硫酸を用いないと本当に上手くいかないのかという疑問から生まれました。まさに「教科書の一歩先へ…」を具現化したような研究です。濃硫酸の代わりにもっと薄い硫酸を使うことができれば、安全面や経済面といった観点からもより有益なものになるはずです。

101

3 硫酸と戯れる日々

まず、硫酸の濃度ごとの脱水能力を検証することにしました。硫酸はグルコースを脱水できるため、その度合いを定量することで脱水能力の強弱を調べました。糖の定量はフェノール硫酸法が一般的ですが、今回実験の対象が硫酸だったため、他の方法を使うことを余儀なくされました。そこで、ベネジクト液が糖と反応し変色することを利用する案を思いつきました。0.20 % 〜 5.0 % のグルコース水溶液を用意し、一定量のベネジクト液と反応させ、残存した未反応銅イオンの吸光度を測定しました。グルコース水溶液の濃度と吸光度の関係をプロットすると相関係数 R^2=0.998 というきれいな直線を描くことに成功しました。

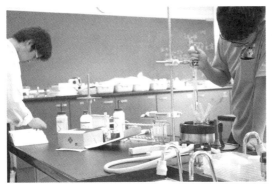

この検量線を使って、硫酸の脱水能力を計りはじめるころには、私（小林）もピペッターの扱いをマスターし、会話もなく黙々と実験をするようになりました。どれだけの回数、吸光度を測ったかを思い返すと身震いがします。さらに、脱水能力を計るためにはグルコースに硫酸を滴下し、3時間放置しなければなりません。昼休みに先輩が各濃度の硫酸を作製し、後輩がグルコースに滴下するという作業が日課となっていました。この頃は真夏で、冷房の無い化学実験室で汗を流しながら硫酸と戯れたことは良い思い出です。結果、76 % 硫酸まで高い脱水能力を持つという結果を得る訳ですが、戦いはまだ終わりません。

102

4 忘れがたき酢酸の香り

やっと、本題である Fischer エステル合成に移ります。教科書に載っていた方法に則って使う硫酸を濃硫酸、76 % 硫酸、そして比較対象として 50 % 硫酸と変化させ実験を行いました。もちろん、この実験では酢酸という暴れ馬が登場します。ひとたび試薬瓶の蓋を開ければ鼻の奥を突き抜ける刺激臭に襲われ、周囲の人をかなりの確率で不快にさせます。ドラフトって大事ですよね。換気って大事ですよ

ね。ここは、教科書にも載っている実験なので特にハプニングは起きず無事実験を終えることができました。結果、76 % 硫酸が最も高い収率を示すことがわかりました。

「本当にその収量は酢酸エチルだけで、不純物は含まれ

ていませんか？」といった疑問をよく投げかけられました。

　疑問に答えるのが次の実験になります。同じ太さの試験管を用意し、反応物や生成物である水、エタノール、酢酸、酢酸エチルを、量を変え混合し、酢酸エチル層の高さを測定しました。結果、酢酸エチル層の高さは酢酸量の影響を受けないことが判明し、酢酸エチル層に含まれる酢酸エチルと不純物の割合には相関関係があることまでわかりました。やはり 76 ％ 硫酸の収率が一番良いという結果になりました。

103

5 グラコン in Osaka

　ともに硫酸と戯れた先輩と参加した名古屋での高校生化学グランドコンテストから 1 年がたち、私たちが後輩を連れてグラコンに参加する番です。はるばる福島県から東北新幹線、東海道新幹線と乗り継ぎ大阪までやってきました。この日のためにポスターを作り、後輩にアドバイスをしながら発表の練習を重ねてきました。彼らはとても意欲的で、原稿を見ないで話せるように練習をしたり、質疑応答にも挑戦しようとしたりと頼もしい限りでした。当日は、大学の先生方からのご意見を頂戴することが多々あり、その対応と記録を分担して行いましたが後輩たちも論文をしっかり読み込んでいたため、難なくこなすことができました。ポスター発表は、他校の研究を拝見する絶好の機会でもありました。随所で質疑応答や議論が交わされており、それがこの大会の醍醐味です。

翌日、口頭発表と講演会を拝聴しました。英語での研究発表は、聞き取るだけで精一杯でしたが内容はどれも面白く、化学の持つ巨大な可能性を感じさせられました。講演会では、海外に出てチャレンジすることの大切さをユーモアを交えての話は興味深いものでした。

　お待ちかねの授賞式。今回は発表件数が過去最多で他校の研究のレベルの高さに受賞を諦めつつありました。しかし、なんと私たちの学校名が呼ばれたのです。サテライト会場で授賞式を見ていた私は飛び上がり勢いのまま授賞式会場へ入りました。油断して制服ではなく私服できてしまったことに後悔しましたが、それよりも受賞した喜びが大きくすぐに恥ずかしさは消えてなくなりました。

6　グラコンを終えて

　やはり研究というのは批評されて気付くことも多く、大会に行くたびに改善へのアイデアが得られます。「この世に完璧なものなど無い」とはよく言ったもので、研究はどこまでも未完のままです。裏返せばどこまでも改善の余地、すなわち伸びしろがあるということです。議論し切磋琢磨することこそが科学という学問の面白さです。この大会は、「化学の面白さ」を体感できる素晴らしい機会です。それだけでも、この大会に参加する意義は十分なのですが、やるならより上を目指したくなるものです。今回はポスター賞なので次回は口頭発表に選出され、さらに賞を取ることが目標です。来年、私は引退してこの目標は後輩に託し、私は引退するまでの数か月間残せる知識や技術をできるだけ後輩に伝えたいと思います。

おもしろ化学の疑問Q4

昆虫はどのように息をしているの？

A4 　生物が生きていく上で欠かせない行為の一つに呼吸があります。人間は口から空気を吸い込み、赤血球が酸素を受け取り、運搬することで生きているのです。では、虫たちの呼吸はどうなっているのでしょうか？　そもそも呼吸しているのでしょうか？　答えは、虫たちももちろん呼吸はしています。しかし人間のように口を使って呼吸をしているのではありません。虫たちは、頭部や腹部などに存在する気門と呼ばれる穴から空気を取り込んでいます。このように、人間は食事と呼吸を口で行いますが、昆虫は食事と呼吸を行う器官が異なっているのです。

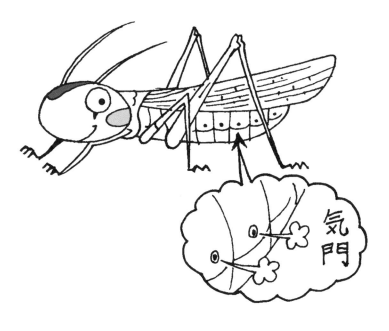

ルミノール反応における時間を考慮した測定法

静岡県立清水東高校 自然科学部 化学班

Members　相川大樹、朝原涼、望月秀真
指導教員　京田慎一

研　究　概　要

　ルミノール反応についての研究を行いました。ルミノール反応とは、刑事事件などでの血液検査や科学の実験ショーで知られています。皆さんもドラマなどで見たことがあるかもしれません。血液などが触媒となり、青白く光ります。このルミノール反応に関する実験を、先輩方から引き継ぎました。引き継ぐ際に、問題点を一つずつ解決するうちに、オリジナルの装置ができあがりました。実は旧来より使用していた照度計が暗闇でも照度が0にならなかったのです。最も手っ取り早い解決方法は、より精度の高い照度計を買うことでしたが、非常に高価で、高校生が簡単に手を出せるものではありませんでした。さらに時間を考慮するというもう一つの課題も達成することができませんでした。そこで、塩化ビニル管（以下「塩ビ管」と略す）と光センサーを用いた新たな装置を開発しました。

実験準備を行うメンバー

1 研究の開始、そして初手からの壁

当初は、先輩の指示のとおりに装置を組み立て、ルミノール反応に用いる触媒を変えて、発光の違いを確認していました。先輩方の引退後、私たちの研究は、壁にぶつかりました。これまで用いていた Lux 照度計で問題が見つかったのです。外部の影響を最小限にするために、暗室で計測を行い、発光部の周囲を段ボールで囲む工夫をしたところ、暗闇でも最大照度が 0 にならなかったのです。さらに照度の弱い試薬で問題が起こりました。目視では多少光っていましたが、今度は Lux 照度計は 0 を示すのです。分解能の関係だと考えられますが、正しい結果を得ることができませんでした。このように Lux 照度計に関する問題が多発しました。しかし、予算の制約があり、精度の高い照度計の新規購入は不可能でした。

計量をする朝原

107

2 研究の開始

分解能の良い照度計は非常に高価で、顧問の先生も受け入れがたく、望月が過去最大のお叱りを受けました。そこで、顧問の先生が「塩ビ管と光センサーを使えばよいのでは」とアドバイスをくださいました。その後、光センサーと塩ビ管を用いた実験を開始しました。その結果、弱い光を計測でき、さらに、時間を考慮した計測もできるようになりました。

3 新たな実験装置、塩ビ管と第1の光センサー

　光センサーとともにデータロガーを用意して実験を再開することにしました。これが1月のことです。私たちは9月までpHなどを変えながら、ルミノール発光にどのような変化がみられるかについての実験をしていました。しかし、これらの実験は一切ポスターには載せられませんでした。重大な理由がありました。

4 最大のトラブル

　7月までに、あらかたの試薬での実験を終えて、今後は安泰だと思っていました。しかし、光センサーにまさかの接続ミスがあり、回路が間違っていたことに気が付きました。このままではデータが正確ではなく、正しい回路にすると精度が落ちてしまいました。さらに、もとのデータから正しいデータに変換もできませんでした。いままでの7か月の実験は、すべて無駄になりました。

5 新たな実験方法

　以前のセンサーを正しく使うと精度が落ちてしまうのは問題でした。今度は、全員で考えCdSセルを使用することにしました。回路も三重にチェックして、夏休みの間に実験をすることにしました。ただ、長い夏休みとはいえ、時間は限られており、おまけに1回の計測時間が長く、さらに、実験をしている暗室は、尋常ではない暑さでした。劣悪な環境で、トラブルも多く起こりました。

6 私たちが新たに発見したこと

　前項の実験によって見つけたことがあります。それは、銅触媒を用いて計測を行った際に起こりました。通常の結果では、触媒を加えると発光照度が上昇し、その後はそのまま下降します。しかし、銅触媒を用いると、一度照度が上昇して降下した後に、再び上昇するという変化が見られました。これ

はいままでに報告されていない結果でした。この発見は、塩ビ管とCdSセルの装置を使い、周りの光を完全に遮断すること、また、時間を追って詳細に計測できることによって得られた結果です。この照度の再上昇の原因としては、様々なことが考えられますが、現在も検証中です。あるいは、はっきりと観測できなかっただけで、銅以外の触媒においても起こっていたのかもしれません。本実験においては、はっきりとこの現象が確認できたのは銅触媒だけで、この特徴を上手く活用すれば、銅イオンを含むか否かの判別にも応用できるのではないかと考えています。最大発光照度のみの結果を見ると、同じ金属を含んでいながらも陰イオンが異なる場合、結果は異なっていました。しかし、発光強度と発光時間を含めた発光量で検証すると、陰イオンに依らず、金属毎に特徴を集約することが可能となりました。現在も実験を重ね、金属毎のデータの精度を上げているところです。これも新たな発見です。

7 発表当日

　静岡に住んでいるため、一泊二日の予定でグランドコンテストに参加しました。新幹線に乗り、私鉄で会場の最寄り駅まで行き、キャンパス内の洋食レストランで昼食を食べ、午後の発表に向けての腹ごしらえをしました。上階のポスター発表の会場に着くと、北海道から沖縄まで全国各地の高校や高専のポスターがはられており、積極的な議論が繰り広げられていました。そんな光景に圧倒され、研究内容について突っこんだ質問がきたら…と少しだけ不安になりました。そんな緊張の中で、私たちははじめに来てくれた男性にポスター内容を隅から隅まですべて説明したところ、かえって飽きさせてしまいました。要点を絞って、専門分野ではない人にもわかるように伝えなければならないことに気がつきました。せっかく持ってきたiPadは、発光の映像を見せるだけで、もっと活用する方法を検討すれば良かったです。ポスターは、研究を集約した結果なので、できることならすべて伝えたいと

ポスター発表の様子

いう気持ちがありました。そんな気持ちと葛藤しながら、省いて説明してみると徐々に整理がついてきました。研究に大変興味を持ってくださった学校の先生から予想外の指摘をいただいたり、他校の生徒とも話せたりと有意義な時間が過ごせました。専門外であろうルミノール反応や装置について深い内容を質問してくる高校生もいて驚きました。

8 受賞を知った瞬間

16：06発の新幹線に乗り静岡に帰る予定でした。乗車する前のホームで、部員の朝原が駅内ではぐれてしまったことに、朝原からの連絡で気が付きました。発車時刻に間に合わないかもしれないところで、顧問の先生が携帯電話で「とりあえず、どの車両でもいいから同じ新幹線に乗れ。乗れても乗れなくても連絡しろ」と伝えました。新幹線が見えたのと同時に、朝原がなんとか合流して、みんなで安堵しました。興奮冷めやらぬ中、後ろの席から携帯電話を持った顧問の先生が身を乗り出し、「おぉっ!?　清水東（ポスター賞）受賞してんじゃん！」と言われたのを聞き、私たちが受賞したことを知りました。発表中に多くのミスがあったため、まさか受賞できるとは思っておらず、とてもびっくりでした。しかし、朝原のハプニングがあったため、その場では、受賞を純粋に喜べませんでした。

9 今後の人々へのアドバイス

複数人で分担作業をしたかったので、Googleドライブとそれに付随するサービスを活用することにしました。いくつかご紹介します。

◎**オンラインストレージとして**

通常、研究に関するデータを保存する場合、USBフラッシュメモリやNASストレージを使う事が多いですが、USBメモリを携帯する必要があったり、NASストレージに接続できる環境にいなければなりません。何よりも誤って削除してしまうという危険があります。しかしGoogleドライブなどのオンラインストレージでは、インターネット回線があればいつでも閲覧・編集ができ、かつ誤削除してしまっても復旧可能です。

◎ **Google スプレッドシート**

　Google スプレッドシートとは、Google が提供する、ウェブブラウザさえあれば利用できるサービスであり、Microsoft の Excel と互換性の高い表計算です。データの管理に手間がかからず具体的には、

① デジタルマルチテスターの信号を受信したスマートフォンアプリから出力された csv ファイルを Google ドライブに仕分けてアップロード

② それぞれの薬品ごとの Google スプレッドシートファイルにインポート

③ そのファイルをもとに全体の比較できるスプレッドシートファイルに自動的にインポート

④ 自動的にグラフが作成される

　また、Excel にはない Google スプレッドシート独自の関数である ARRAYFORMULA 関数があります。スプレッドシートファイルを階層化しても半自動的に処理を行うことができます。このシステムの構築も必要に応じてアップデートしました。

111

◎ **連絡手段として Discord**

　研究の当初はメンバー間の連絡にグループ LINE を利用していましたが、「会話が混在していてわかりにくい」「重要な連絡も次第に画面の上の方へ流れてしまうので、重要な連絡に気づけない」かといって、問題点を意識すると会話がしにくく、普段はゲームなどのコミュニティで用いられる「Discord」を利用することにしました。Discord の利点は「チャンネルを複数作成でき、テーマに合わせて使い分け可能」「ボイスチャットで家での持ち帰り残業も捗る」「権限の設定ができる」ので、ぜひお勧めしたいです。

作業に勤しむ望月

色あせと紫外線

愛知県立明和高等学校 SSH部 物理・地学班

Member　杉本健
指導教員　山田哲也

今回のグラコン参加者5名
SSH部化学班2名＋物理・地学班1名＋テニス部1名＋放送部1名の混成チーム
うち4名はロンドン研修（本校主催2019年3月）参加者である

研究概要

　インクの色あせの原因と色あせを遅らせる方法に興味を持ち、日焼け止め（紫外線散乱剤）を用いて紙に印刷した色（マゼンタ、シアン、イエロー、ブラック）の色あせについて実験を行いました。まず、日焼け止めを塗るものと塗らないものを用意します。その紙に暗室で紫外線を照射し、毎日切り取ります。そして、切り取った紙をプリンターでスキャンした後、RGB値を計測しました。色あせの定義はRGB値が大きくなり、白に近づいていくこととして考えました。

　コンピューター上のペイントアプリで比べたところ、マゼンタとイエローのRGB値が大きく増加していて、色あせが顕著でした。また、どの色でも原型よりも日焼け止めを塗ったほうの色あせが遅れていたことがわかる結果となりました。色あせが顕著だったマゼンタとイエローの組成を調べたところ、以下のことがわかりました。

　マゼンタはカーミン6B、イエローはジスアゾイエローを色素として含んでいます。これらの分子構造にはアゾ基があり、紫外線を吸収した際に、アゾ基がエネルギーに耐えられず切断されるため、これらの分子は異性化（分解）して色あせを起こします。

1 研究をはじめたきっかけ

　海外研修に向けて化学的な研究テーマを探していたころに道を歩いていると重要であるはずの看板の赤い字が消えて、黒い字が残っているのが目に留まりました。同じように塗られているはずなのになぜ違いが生まれるのか気になり、色あせの原因とその遅延方法について研究をはじめました。

赤い字が消えている看板

2 実験の流れ

　〈実験1〉word で RGB 値を設定して、マゼンタ、シアン、イエロー、ブラックの4色をプリントアウトして、暗室で紫外線を照射した結果、マゼンタとイエローが特に色あせをしていました。このことから、この2色に含まれる色素（カーミン6B、ジスアゾイエロー）のアゾ基が色あせに関係しているのではないかと推測しました。

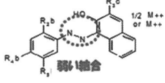

カーミン6B

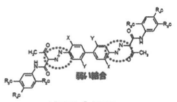

ジスアゾイエロー

113

　〈実験2〉実験1を踏まえて、分子構造中にアゾ基をもつメチルオレンジの試薬を紙に塗り、紫外線を照射したところ、とても色あせが進行しました。しかし、メチルオレンジはアゾ基を持ってはいるものの、カーミン6Bやジスアゾイエローと構造式の形があまりに違っていたので、結論付けるにはまだ不十分だと考えました。

紫外線の照射

メチルオレンジ

〈実験3〉これまでの実験を踏まえて、カーミン 6B と分子構造が似ている（ナフタレン環を持つ）、オイルオレンジを自分で合成して紙に塗り、紫外線を照射しました。その結果、色あせが起こっていたので、実験全体として、「色あせは色素分子中のアゾ基が異性化する（分解する）ことによって引き起こされる」という結論に至りました。

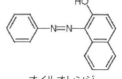

オイルオレンジ

3 研究中のエピソード

2018 年の 11 月頃から研究をはじめました。当初は「色あせにしたはいいけど将来どう進めていこうかな」と漠然とした考えで、明確な見通しがなかったのでとても不安でした。私は物理・地学班なので研究は物理系の方向に進んでいくのだろうと思っていました。しかし、考察しているうちにいつのまにか化学系の方向に進んでいることに気づきました。

2019 年 3 月にロンドンのウエストミンスター校で発表を行いました。また、7 月には私の高校主催のグローバルサイエンス交流会で、海外の学生（高校、大学の留学生）に英語で発表を行ないました。

114

ウエストミンスター校での発表

グローバルサイエンス交流会（本校主催）での発表

その後、一通り実験が終わり、海外研修や交流会での発表が終わってひと段落したので、もうこの研究に触れることはないだろうと思っていましたが、先生の勧めもあって高校化学グランドコンテストに出場しました。化学の先生からは論理を固めるためにするべきことを教えていただきました。はじめてみると手ごたえを感じました。高校化学グランドコンテストへの出場が待

ち遠しくなるほどです。部活動では化学分野を専門としておらず、まだ有機化学を習っていないこともありましたが、研究が順調に進んでとてもうれしかったです。

4 ポスター発表当日

今回はじめて「高校化学グランドコンテスト」に参加しました。海外研修から続けてきた研究の最終発表の場と思って、悔いが残らないように研究をくまなく知ってもらえることを目標に努力しました。その結果、最もよい発表ができました。

ポスターや原稿に研究内容をまとめる作業は悩むことが多く、完成した瞬間の達成感は忘れられないかけがえのない思い出です。

当日の発表では、色の専門家である企業の方が私の発表を聞きに来てくださり、アドバイスをいただくことができました。また、台湾から来た高校生が発表を聞きにきてくれたので、英語で発表しました。いずれの方も化学に対する見識が深く、大学の教授や他校の先生方のアドバイスも的確でより一層実験を進めたいと思いました。

当日の発表

115

5 受賞と発表を終えて

今回、ポスター賞をいただきました。賞をいただけるとは少しも思っていなかったので、受賞の発表にはとても驚きました。賞状を受け取っても実感が湧かず、帰りの電車の中で嬉しさが込み上げてきて、家に着くと喜びが爆発しました。頑張ってきたことが報われたような気がして、とても幸せでした。研究自体は一人で行っていましたが、同じ実験室で研究していた友達に支えられたからこその結果なので感謝しています。

6 研究の今後

　研究活動は実質一年弱と短いものでした。もう少し時間があれば、今回の考察を元にして、「アゾ基が本当に変化しているのか」「どのような変化をし、何になるのか」などを調べていきたいです。

　研究を進め研究発表をすることで新たな発見や、解明したいテーマがどんどん湧いてきます。残念ながら誰も引き継いでくれそうな人はいませんが、いつか誰かが引き継いで研究が進展してくれるよう祈っております。

　最後に研究にご助力くださった化学の山田哲也先生、これまで研究や海外研修の際にお世話になった諸先生方に厚く御礼申し上げます。

おもしろ化学の疑問Q5

コンセントの穴の大きさは違うのはなぜ？

A5 注意深くコンセントの穴を見てみると、左右で穴の大きさが違います。なぜでしょうか。

　小さい穴の方は通常ホットと呼ばれていて電気が流れてくる側で、大きい穴の方がコールドと呼ばれるアースされている側なのです。したがって、仮に大きい穴のほうだけに指を差し込んだとしても感電することはないのです。しかし、施工業者が左右を取り違え工事してしまうケースも少なからずあるようなので、指を差し込むのは控えましょう。

　また、日本のコンセントは差し込む方向に関係なく電力供給される仕組みとなっていますが、差込口に左右の違いがあるように、プラグ側にも左右の違いがあります。実際、音響製品のようなアースが音質やノイズに影響するとされる機器の場合は、コールドとホットを区別して使用するのが好ましいようです。

ほんとだ！
アースもついてるし

あの人の鼻、
コンセント
みたい！

溶媒によって氷がとける早さが違う理由

愛知県立明和高等学校 SSH部 化学班
Member　山田豊
指導教員　山本和秋

研 究 概 要

　氷がとけるという現象に疑問を持ち、氷がとける早さと温度変化を調べました。実験では氷を入れる溶媒は、対照液として純水、有機溶媒としてメタノール、不溶性溶媒として菜種油、電解質水溶液として食塩水（15％）を使いました。

　その結果、氷がとける早さは、メタノール＞食塩水＞水＞菜種油、となりました。メタノールは水和により少し発熱しますが、その分を差し引いても最も早く氷をとかしました。しかし、比熱や熱伝導率などの熱交換による値をもとに理論計算すると、水＞食塩水＞メタノール＞菜種油、となり実験結果と整合しません。そこで私はエンタルピー、エントロピーの値を用いてギブズ自由エネルギーを計算してみました。その結果、それぞれのギブズ自由エネルギーの値は水が−0.07 kJ/mol、食塩水が−0.41 kJ/mol、メタノールが−1.78 kJ/molとなりました。菜種油は不溶性なので比較対象外としました。そして、メタノール＞食塩水 ＞水（＞菜種油）、の順で氷を早くとかし、実験結果と整合しました。つまり、比熱や熱伝導率などの熱交換による値よりもギブズの自由エネルギーの方が氷のとける早さを比較検討する根拠になるということがわかりました。

1 動機

　いつも通り化学室にあるものをいじっていました。たまたま冷凍庫に入っていた氷をとかしてみると熱交換だけで氷がとけているなら早すぎるのではないかという疑問を抱きました。ここから私の研究ははじまったのです。

　さらに、先生が氷に圧力をかけると氷が早くとけるのかどうかという話をしてくれました。復氷実験（図a）という実験において氷にひもをかけておもりをつるし放置すると、おもりの圧力によって氷がとけるというものでした。圧力をかけて氷がとける様子をグラフにしたものが図bです。しかし、理論計算で描かれた先行研究のグラフを見ると、全く別のグラフになってしまうということがわかりました（図c）。このグラフによると、おもり程度の圧力をかけただけではほとんど変化がないと考えられます。それでも、復氷実験を行うと氷は紐に沿ってとけてしまいます。ここでも、氷がとけるのに圧力以外の要因があるのではないかと考えました。

図a 復氷実験の
　　モデル

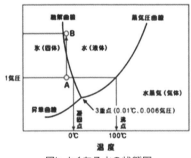

図b よくある水の状態図

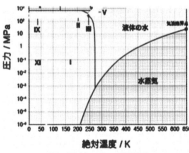

図c 最新の水の状態図

2 実験のエピソード

　まず、予備実験をしました。また、実験において氷を入れる溶媒に何を使うかを決めるのに苦労しました。最初の段階では、水は決めていましたが、菜種油、2ブタノール、メタノール、アセトン…と、たくさんの溶媒を試してみました。その結果、菜種油は最も遅く氷をとかしメタノールが最も早く

なりました。なので、溶媒は水と菜種油とメタノールの３種類に決めました。

　実験は、データを取るために６回ずつ行いました。氷を入れて１分待って氷の質量変化を測るということを繰り返す単純作業ではありましたが、正確な結果が得られ研究の大事な一環なので頑張りました。

　工夫した点は実験では氷が水に浮いてしまい氷と溶媒の接触表面積に差が出てしまうので爪楊枝で氷をおさえました。さらに、メタノールと水が混ざってしまうと溶解熱という熱が発生してしまい氷がとけやすくなってしまうので溶解熱を測り計算で差し引きました。

図d　氷をしずめる工夫

3　ギブズの自由エネルギー計算

　実験結果を踏まえて、ギブズの自由エネルギーを計算しました。研究では一番大事で一番難しいところでした。なので、正しい方法を試行錯誤しながら論文から数値を持ってきて公式に当てはめて…と繰り返しました。特にメタノールは、溶解熱の発生と氷との平衡反応が起こらないので苦戦しました。また、ギブズの自由エネルギーの数値にも実験結果にも大差ができてしまったので、水より少し早く氷をとかしそうなもので、平衡反応がなく、溶解熱も発生しないものはないのか考えました。そして、食塩水にたどりつきました。食塩水は、予想通り水より少し早く氷をとかし、ギブズの自由エネルギーも少し高いという結果が得られました。

4　復氷実験への展望

　研究の最終目標は、復氷実験において氷がとける本当の理由を知ることです。調べてみると氷の表面に水分子があることがわかりました。氷なのに水がと疑問に思うかもしれませんが、存在すると言われています。例えば泥団子を作るといくら砂を固めようとしてももちろん固まらないので水をかけますよね。しかし、雪だるまを作るときに水は要りません。雪という氷の表面に水があるからです。その水分子を「疑似液体層」と呼びます。そして、この疑似液体層が復氷実験に大きく関係すると考えています。

　疑似液体層は、分裂したり融合したりして、氷がとけ出したところに動いて氷を修復することがわかっています（図e）。そして、その様子が高分解化学顕微法という方法を使って実際に観測されています（図f）。今は、氷に紐が掛かってしまうことで、疑似液体層の移動を制限して氷の修復が行われなくなり、その結果、紐が掛かっている部分からとけだしてしまうのではないかと考え、シミュレーションなどを使いながらも研究を続けていきたいです。

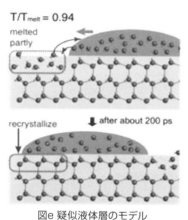

図e 疑似液体層のモデル

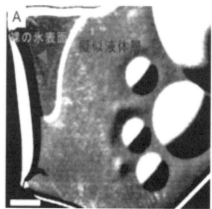

図f 実際に観察された疑似液体層

5 発表当日

　大阪について、本番前の腹ごしらえをして、大阪市立大学に向かいました。先輩がやさしく接してくれたので緊張はあまりしませんでした。また発表が後半というのもあり、いつもとは違う環境、雰囲気を楽しんでいました。前半は、他の人の発表や、企業の展示を見ました。特に企業の方々の展示はすでに事業という大きな形で動いていて国の経済を支える姿勢や業績に感銘を受けました。

　発表では他校の先生方が多くきていただき、鋭い質問をいただき勉強になる反面、非常に疲れました。

6 受賞の時の感想

　発表の前に、先輩の番号が呼ばれました。隣に座っていたので、「すごい

ですね」と盛り上がっていたら私も呼ばれました。驚きが大きくて、緊張したこと以外はあまり覚えていません。はじめてから1年も経過していない研究ですが内容は非常に難しく、誰かに説明する以前に理解するのに手間取りました。しかし大きな経験になり入賞という形で結果が残ったので最高でした。今後は研究を掘り下げて追及していきたいです。

7 謝辞

　初心者の私に研究の方法だけでなく内容を理解できるまでわかりやすく教えてくれた山本和秋先生、また諸先生方に心より感謝申し上げます。ありがとうございました。

おもしろ化学の疑問Q6

エビやカニの血液が赤くないのはなぜ？

A6 ヒトの血液は赤色をしていますが、エビやカニなどの節足動物やイカやタコなどの軟体動物の血液が赤色ではなく、青色をしているのはなぜでしょうか。

ヒトの血液の赤血球中には、ヘモグロビンという鉄を含む赤色タンパク質が含まれていて、酸素の運搬を行う役割をしています。そのためヒトの血液は赤く見えます。一方でエビやカニの血液にはヘモグロビンは存在せず、その代わりにヘモシアニンという銅を含む色素タンパク質が存在しています。ヘモシアニンは本来無色ですが、酸素と結合すると青色を呈するため、血液が青く見えるのです。ちなみに、ヘモシアニンの「シアン（cyan）」は人体に有害な青酸（HCN）に由来しているわけではなく、これは青色を意味しています。カラープリンタのトナーにはシアン、マゼンタ、イエローなどの種類がありますが、このシアンと語源は一緒なのです。

ヘモシアニン

不燃木材の作成

大阪府立天王寺高等学校 化学研究部

Members 西山文貴、吉田笙子、藤本美優、石野真由、長光葉、堀川瑠花、
岡亜樹斗、津野友美、松阪純花、木村幸太郎、岩井真優、小林厳太郎
指導教員 尾﨑祐介

研 究 概 要

　木造建築物の建物火災による燃焼・延焼を防ぐために、身近な物質と燃焼の三要素を用いて不燃木材を作成したいと考えました。燃焼の三要素とは燃焼に必要な3つの要素のことであり、具体的には可燃性物質、酸素、引火点以上の温度を指します。これら三要素のうち一つでも欠ければ燃焼は継続しません。我々は燃焼の三要素を打ち消すためのアプローチを考え、それに基づき不燃木材の作成をめざしました。木材での実験は準備に時間を要するため、まず非加工紙である濾紙を用いて、三要素を打ち消す薬剤の不燃効果を確かめる実験を行いました。その結果、水酸化アルミニウムを用いた、温度が引火点まで上昇するという要素を打ち消すアプローチが不燃化に最も効果的であることをつきとめました。この結果を利用し、水酸化アルミニウムを木材に浸透・合成させ、不燃木材の作成を行いました。実験の結果、不燃効果の基準としている20分間の燃焼実験に耐えうる不燃木材の開発に成功しました。

1 はじめに

　不燃紙と不燃木材の研究を行った化学研究部の先輩方に、後輩がインタビューしました。

先輩A：不燃紙リーダー　　　先輩B：不燃木材リーダー　　　先輩C：ポスターリーダー

先輩D：ポスターリーダー　　後輩：インタビュアー

125

2 動機

👓「先輩方が研究をはじめたきっかけを教えてください」

🙂「小さいころから化学が好きで、高校で化学研究部に入って顧問の先生から『部員は一人一つ研究テーマをもとう』と言われたのがきっかけだった。テーマを探していて、不燃紙の作成を思いついたんだ。これなら、木材にも応用可能で、後輩にも引き継いでもらえるのではないかと思ったよ」

👩「私は化学を得意にしたいって思ったのがきっかけだった。はじめはテーマ決めに苦労したよ。ちょうどそのとき、大阪北部地震が起こって、建物火災による被害を目の当たりにしたんだ。それで不燃木材の研究をしようと思ったんだよ」

😊「不燃紙と不燃木材の２つの切り口が合わさってこの研究テーマができたんですね」

濾紙およびスギ木材の燃焼実験の様子　　燃焼実験後の濾紙およびスギ木材の様子

3 エピソード

😊「研究中のエピソードはありますか？」

😮「私が研究をはじめたとき知識はゼロ、実験器具の使い方も全くわからない状態で。だから毎日先行研究の論文をむさぼるように読んでいた」

😎「そうそう。企業が熱心に研究している分野だから、どこを研究しようかってずっと考えていた。昼休みや放課後も残って実験したな。意外と結果が自分の思い通りにならないときが一番テンションあがったんだ」

😊「え、残念に思うのではなく？」

😎「もちろんそれもあるけど、なんでこんな結果になってしまったのか、失敗の原因を考察して別のアプローチを考えること自体が楽しいんだ。そのために、3つのアプローチを考えておいたんだ」

😊「燃焼の三要素ですね」

😮「そう。一つのプロセスがだめになったら、もう一個別のプロセスで実験できる。ドンドン実験を繰り返して探究していく。これが研究の醍醐味！」

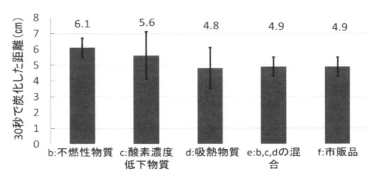

濾紙の実験の結果。吸熱物質を濾紙に浸透させたときが最も不燃効果が大きくなっている

「わかる。対照実験とかをして、どの手順が違っていたのかをしらみつぶしに探して、見つけられたときが一番気持ちよかった。理論づけて実験を組み立てることに楽しさを見出したよ」

「実験の中で苦労したことはなんですか？」

「濾紙を薬剤につけることで、紙としての有用性が失われてしまったことかな。電子レンジで乾かしてからはある程度は解決したけれど」

「わたしは、木材がなかなか乾かなかったことかな。ドライヤーを使って何度も確認していたよ。あと木材が白くなったのも困ったな。水酸化アルミニウムを木材の中で生成させるんだけど、乾燥させている時に過剰量の水酸化ナトリウムが出てきて、これじゃあ建物の内部にしか使えない。あと、木材を燃やしているときに煙が出て焦げ臭かったな（笑）」

ドラフト内で木材の燃焼実験をしている様子

127

「先ほどおしゃっていた水酸化アルミニウムはどのような効果を期待したものなのですか？」

「えっと、木材を塩化アルミニウム水溶液に1週間浸したあと、水酸化ナトリウム水溶液に数日間浸すんだけど、そのときに木材の内部で、水酸化アルミニウムができていると仮定したの。もしそれが正しければ、木材を燃やした時に水が生成するはずだから、その吸熱反応を利用して不燃化できると考えたの」

塩化アルミニウム水溶液に木材を浸透させている様子

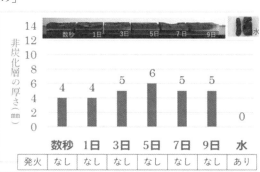

非炭化層の厚さ（mm）	数秒	1日	3日	5日	7日	9日	水
	4	4	5	6	5	5	0
発火	なし	なし	なし	なし	なし	なし	あり

吸熱物質を浸透させたスギ木材の実験の結果。薬剤につける時間で不燃性が異なっている

「なるほど。それで引火点以上の温度に達しないようにしているんですね」

「そういうこと」

4 論文作成

「ところで論文をまとめるにあたって苦労したことはありますか?」

「そりゃー、いっぱいあるよ。沢山の実験データの中からデータをうまくまとめて構成して、研究内容を人に伝えたいと思ったんだ。結局、提出期限の前日まで徹夜したな」

「私も大体一緒かな。日本語って難しいなって。他の論文を参考にして書いた。あと、一人だけで論文を書こうと思ってはいけないと学んだよ」

「僕もいつか論文を書くときに、自分と他人の構成が違ったら違和感を覚えてしまうだろうから、基本的に1人でやりたいなと思っていました」

「1人だけでやろうとするより、いろんな視点で議論しながら論文を書いた方が良いものになると思うよ」

5 ポスター制作

「当日はポスター発表ですが、ポスター制作のなかで一番重要なことはなんですか?」

「レイアウトかな。せっかく沢山のデータを得られたのに、1枚のポスターにまとめなくちゃいけないって困惑したし、どれが必要なデータかを選択して配置することが大変だった。でも、レイアウトひとつで、ポスターの見え方が大きく変わることを知ったよ」

「レイアウトする際、特に工夫したところはどこですか?」

「ポスターを見たときに研究内容に興味を持ってもらえるように、図はミリ単位で調整して、口頭で伝えられるのは口頭で伝えるように、文字数のことも考慮してきれいに作ることを意識したよ」

6 ポスター発表

「やっぱり前日は緊張しましたか？」

「もちろん。発表の前日はいつも体調管理が大変だった。当日まで無理したしね。うまく伝えられるか、きちんと質問に答えられるか不安だったな」

「大阪府内で発表するから、ちょっとした学会発表くらいに思っていたんだけど、全国大会と知ってびっくりしたよ。当日は午前中授業があったけれど、緊張してほとんど集中できなかったな」

「当日はどうでしたか？」

「発表したことも覚えてないほど緊張した。足も震えていて、いつの間にか終わってたな」

「やりきったっていう達成感もあったよ。繰り返し発表していくうちにどう説明すればうまく伝わるかを意識できるようになった」

129

「水分補給をする時間もないほど多くの方が聞きにきてくれてありがたかった」

「審査発表で、『不燃木材の作成』って呼ばれたときはすごくうれしかったよ。努力が報われたって感じがした」

7 これから

「先輩方は将来何をしたいですか」

「わたしは研究職について、実用的で新しい分野を開拓していきたい」

「わたしも。研究を通して知的好奇心を満たしてくれる化学が好きになったよ。将来は薬学に関わる研究がしたいな。いずれは、ノーベル賞を（笑）」

「不燃木材をもっと改良していきたい。例えば、木材表面に水酸化ナトリウムが析出しないようにしたり、耐久性を高めたり。あ、あと安全性も考えないといけないとアドバイスをもらったよ」

「焼杉ってあるよね。焼杉と研究を組み合わせてより不燃性の高い木材を作って、建物火災を減らしたい。昔の技術と今の技術が合体したみたいで面白いよね」

「それは僕たちがしっかり引き継ぎますね。インタビューに答えていた

だき、ありがとうございました」

8 謝辞

　研究を通して、実験する喜びや楽しさ、粘り強く続けることの大切さを学びました。これもすべて支えてくだった先生方のおかげです。最後になりますが、多くのアドバイスを与えてくださったすべての先生に敬意を表し、お礼を申し上げます。

9 指導教員からのメッセージ

　この研究はたくさんの生徒が関わって形になった研究です。研究、論文作成、ポスター発表と生徒たちは悩み、苦労しながらもたくさん工夫して頑張っていました。そうした生徒たちの頑張りが、

　今回こうして形になり嬉しく思います。研究を引き継ぐ後輩たちがより一層研究を発展させることを期待しています。

おもしろ化学の疑問Q7

ワイヤレス充電ってどうなってるの？

A7 最新のハイエンドスマートフォンに採用されているワイヤレス充電機能をご存じでしょうか。その名の通り専用の充電パットもしくは対応する機器の上にスマートフォンを置くだけで充電が可能な、まさしく近未来的な機能です。では、どのようにして充電されるのでしょうか？

実はワイヤレス充電にはいくつかの種類が存在します。ここではその中でもスマートフォンなどに利用される「Qi（チー）」について説明しましょう。Qiは電磁誘導方式を用いた充電方法で、充電パットに電流が流れることで発生する磁界を利用しているのです。Qiに対応した機器は内部に充電用のコイルが内蔵されていて、このコイルに磁界を近づけると電磁誘導の法則により誘導電流が発生するのです。この電流をバッテリーに蓄積することで充電を行っているのです。

染色によるプラスチックの識別に関する研究

大阪府立高津高等学校 科学部
Members　西向虹大、中谷亮太、霜山桂一、川下凛太郎、近藤秀人
指導教員　唐谷ゆふ、藤村直哉

研 究 概 要

　近年マイクロプラスチックによる海洋汚染が深刻な社会問題となっています。海洋プラスチックの問題を解決するにはプラスチックの種類を識別することが不可欠ですが、現行の識別法では識別に多大な労力を要します。私たちは、プラスチックの構造・特性にあった染料による染色で、より簡単にマイクロプラスチックの識別が可能になるのではないかと考え、3種類のプラスチック（PP、PVC、PS）と3種類の染料（コンゴーレッド、オレンジⅡ、メチレンブルー）を対象に3条件下（酸性、中性、塩基性）で実験を行いました。その結果、塩基性条件下のオレンジⅡにPVCが強く染色されることを確認しました。結果を踏まえて、PVC構造中のC–Cl結合が分極し、Cが弱い正の電荷を帯びることで形成する、オレンジⅡの陰イオンと静電気的な結合によって染色が行われたのだと考察しました。

1 研究動機

きっかけは5月頃に先生から届いたLINEでした。1年生の頃に行っていた研究に区切りをつけ、何か新しいテーマはないかとあらゆる分野を模索していた最中でした。先生からのアイディアは「プラスチックを染色して識別する」でした。ニュースで知った海洋プラスチック問題に関心があったので衝撃的でした。同時にこのテーマに心をわしづかみにされ、すぐに研究を決意しました。研究テーマを決めた私は、まさに水を得た魚のように研究の下準備に奔走しました。まずは「何のプラスチックが必要か」「どうすればマイクロプラスチックに近いものが作れるか」など、いままでやったことも考えたこともないことを実現させるために、日々頭を悩ませ続けました。初動に時間がかかり、本格的に作業がはじまったのは6月に入ってからでした。しかし、ここからが地獄のはじまりでした…。

2 スタート…からの地獄

133

マイクロプラスチックを再現するために選んだ方法とは固形のプラスチックを1種類ずつおろし金で削っていくというシンプルなものです。しかし、この方法を選んだのが運の尽きで、まさしく地獄の入り口でした。ここから研究チームのメンバーは「部室に来る→プラスチックを選ぶ→削る→掃除する→帰る」のループを繰り返しました。

私の役目は主に発泡スチロールを削るのですが、発泡スチロールは信じられないぐらいに周りに飛び散ります。黒い服を着ていると気がつくとおなかより下の部分が白衣のようになるほどです。掃除が面倒でしたが、ポリ塩化ビニルを削る担当だったメンバーはさらに悲惨でした。ポリ塩化ビニルは吸い込むと人体に有毒です。吸い込まないようにマスクをつけるのですが、

削り始めたのは６月です。いくらクーラーがあるとはいえ蒸れて非常に暑いのです（外で実験をしていたオゾン班メンバーには怒られそうですが）。しかも削る効率がすこぶる悪いのです。最終的に、ポリ塩化ビニルは電気ドリルで無理矢理削りきることで何とか必要量確保でき、やっと染色実験に移ることができました。

削ったプラスチック

3 実験開始！

染色前プラスチック　　染色後プラスチック

これまでの地獄とは一転、染色実験は驚くほどにスムーズに進みました。３種類のプラスチックと３種類の染料（このときはまだメチレンブルーは使っていなかったのですが…）を使って、酸性、中性、塩基性の３条件下で実験を行い、ラッキーなことに塩基性条件下のオレンジⅡがよく染まってくれたため、プラスチックや染料を繰り返し取替えて、よく染まる条件を探す必要がなくなりました。この結果が研究チームを大いに喜ばせました。意気揚々と論文とポスター作成に進んだのですが、そこに第二の地獄が潜んでいました…。

メチレンブルー　　　　オレンジⅡ

4 無間地獄

染色実験と考察のための実験を早々と終わらせたところまではよかったのですが、論文作成には苦しめられました。

文章の大筋を大きく変えなければいけないようなミスはなかったはずです

が、助詞や接続詞の使い方、細かい間違いがボロボロと出てきました。こっちを変えればあっちの意味が通らず、いたちごっこのようなやりとりを繰り返しました。まさしく無間地獄のようでした。

　ようやく完成したのはグランドコンテストの論文提出締め切りギリギリでした。すぐに追加実験（ここでメチレンブルーが登場）を行い、息つく間もなくポスター作成に取りかかったのですが、これがまた大変で、色彩センスない私にとってポスター作成はまさに苦行でした。ベースの色を決めるだけで1週間ぐらいかかりました。パワーポイントとの死闘を繰り広げ、ポスターが完成したのはまさかの本番前日でした。はやる気持ちを抑え、発表会場の大阪市立大学に向かいました。

5 決戦

135

　去年も科学部として活動したので、緊張もほどほどに当日を迎えました。会場が高校の近くなので、当日は土曜授業を受けてからの集合でした。数学の授業の効果もあり、目はばっちりさえていました。発表中は必死で集中していました。先生方に褒めていただけたのが印象に残っています。前週も別の発表会だったので、発表にはベストは尽くせました。割と満足しながらレセプションパーティを楽しみ、翌日を迎えました。

6 受賞の瞬間

　口頭発表の英語での発表に圧倒されたので、賞は期待していませんでした。結果発表では思いがけず、私たちのグループが呼ばれました。ただびっくりしすぎて舞台に向かうまでに2回ぐらい滑り落ちそうになりました。

　研究を指導してくださった先生方、つらいときに支えてくれた部員たち、そして、一緒にこの研究をすることを選んでくれたチームのメンバーたちには感謝しかありません。

ペクチンを用いた生分解性を示す高吸水性高分子の創製

大阪府立四條畷高等学校 探究ラボ

Members 松原輝東、伊藤雅晃、藪本大樹、池田詞葉、伊藤壮輝、中野翔真
指導教員 吉田拓郎

研 究 概 要

高吸水性高分子(Superabsorbent polymer,通称SAP)は、その特異性からおむつや砂漠の緑化事業等に用いられています。しかし、現在主流のSAPは石油化学製品が多く、生分解性を示しにくいという課題があります。そこで、私たちは生分解性を示す天然高分子ペクチンに着目し、原料としました。はじめに現在主流のSAPであるポリアクリル酸ナトリウム(PANa)と吸水性能を比較し、ペクチンの方が吸水性能が低いことがわかりました。そこで、PANaの構造を参考にペクチンに、①中和やけん化反応により$-COO^-$の構造を多くもたせる、②架橋剤であるブタンテトラカルボン酸(BTCA)二無水物を用いて適度に架橋された三次元網目構造を構築することを試みました。今後は合成した物質の生分解性試験や構造解析に挑戦したいです。

1 研究動機

(1) 我ら「探究ラボ」生

本校では1年生は2週間に1回、2年生は週に1回、課題研究の授業があり、探究活動に取り組んでいます。また、「探究ラボ」という学年横断の課題研究活動に特化した集団が2017年に発足し、私たちはその1～3期生になります。

探究ラボのロゴ

(2) 何やる？

高校1年生の時に見学に行った「大阪サイエンスデイ」という発表会で、ペクチンを凝集剤に用いた発表を聞きました。その後、学校で高吸水性高分子の話を聞き、「凝集剤と高吸水性高分子ってなんか似ているな」と思い、ペクチンで高吸水性高分子を作れるのではないかと考え、研究をはじめました。【3年生】

先輩方の研究発表をしている姿が格好よく、インパクトが強かったのでぜひ関わりたい、ついていきたいと思い、研究活動に参加しました。有機化学は学校でまだ習っていませんでしたが、面白そうなので挑戦してみたいと思いました。【1・2年生】

137

2 研究活動のエピソード

(1) ビーカー使い過ぎ事件

本研究を進めるにあたり、一部の実験を大学で行わせていただきました。大学の研究室では NMR や FT-IR などの最先端の機器を使わせていただきました。一方、学校での実験ではウォーターバスがなく、やかんでお湯を沸かして容器のお湯をひたすら入れ替えるという地味なことをしていました。実験室のビーカーをほぼすべて使ってしまい「授業用のビーカーがない！」と先生に注意されたこともありました（汗）。

(2) ムズかしい・・・。

　黒板に色々な構造式や反応の流れを書きながら吸水原理やペクチンの構造変化を議論しました。有機化学未履修の私たちには大変で、何日もかけてやっとぼんやり理解できました。発表練習をしていく中で、わかったつもりになっていたことや勘違いしていたことが更にどんどん出てきて大変でした。【1・2年生】

ディスカッションの様子

実験中の様子

3　グラコン応募と発表準備

(1) きっかけは悔し涙

　3年生になり友達が部活を引退して受験勉強に力を入れていくなか、進路に焦りと不安が出てきました。しかし、8月開催のSSH生徒研究発表会での受賞を目標に、3年生になっても研究活動を続けました。一生懸命工夫して発表したものの、残念ながら受賞には至らず、本当に悔しい思いをしました（表彰式後のミーティングで悔し涙が止まりませんでした）。しばらくして、ラボの顧問の先生から「高校化学グランドコンテストって大会があるけど、出てみいひんか」と声をかけてもらい挑戦を決めました。ただ9月4日の〆切に間に合わせるため研究成果をまとめ直し、エントリーに必要な資料を大急ぎで作成するのは大変でした。【3年生】

(2) ポスター作るの・・・誰！？

　ポスター作成のタイミングがちょうど研究班内の代替わりの時期だったので、誰が中心となって作るのかがあやふやでした。お互いに「まぁ誰かが作ってくれているだろう」と思っていたら、提出〆切日を迎えてしまいました。すると顧問の先生から「ポスター提出は『本日の昼休み』の予定だったと把

握しています。放課後すぐに、データをください」との恐怖の LINE が…。
徹夜して次の日提出しました。【3 年生】

4 発表会当日

(1) 体験記

　先輩から研究を受け継いで今回が 2 回目の発表会でした。発表当日は大会の規模を知らず会場到着までは緊張せずにいました。しかし、一歩会場に入ると胸のドキドキが止まりません。「先輩方の研究を台無しにしてしまったらどうしよう…」と不安でした。

　発表時間になると徐々に緊張もほぐれ満足のいく発表ができました。次の日は疲れもあってか集合時間を勘違いし、予定の 1 時間も前に会場についてしまいました。【1・2 年生／その 1】

　ほとんど実験に参加できず、当日の発表だけ参加したような形でしたが、日本全国や台湾から来られた高校生たちと一緒に同じ発表者として大会に関われたことは非常に良い経験になりました。先輩の一人が発表の間に他校の発表を見に行ってしまい、5 人で発表することになったのには少し焦りました（笑）。2 日目は大勢の前で堂々とオーラル発表をしている他校の生徒を見て、探究活動のゴールを見ているような気がしました。【1・2 年生／その 2】

139

　レベルの高い発表が多く、はじめはずっと委縮していました。ポスターを貼り発表の準備をしているうちに次第に心の準備が整いました。台湾からの生徒にうまく説明できるか心配でしたが、幸い用意していた英語の原稿で何とか説明できました。理解してもらえるように悪戦苦闘しながら、熱意でカバーしました。発表時間が終わり見学していると、少し似た研究をしているのを見つけ新たな視点を取入れようと、積極的に見て回りました。【1・2 年生／その 3】

　1 日目の朝、受付の前あたりで待っていたら先輩が 1 人見当たらず・・・。おかしいなぁっと思っていたら、その先輩は 1 人別の場所で 1 時間以上前に集合されていた・・・というハプニングからグラコン初日がスタートしました。ポスター発表が始まると、終始緊張しっぱなしでした。他の学校の発表を聞いて回り、興味深いものが多く楽しかったのですが、同じ高校生なのにレベルが高すぎて・・・ほんと驚きの連続でした。【1・2 年生／その 4】

発表の様子

(2) 英語ってやっぱり大事

2日目の口頭発表は英語で、英語の重要さを改めて痛感しました。今後、英語の勉強も頑張っていくつもりです。【1・2年生】

140

(3) これだけは No.1

レセプションパーティーでは、台湾の高校生が英語を上手く話せない私に対し、優しくコミュニケーションをとってくれました。発表会の場以外で英語を使ったのははじめてで緊張した反面、楽しかったです。【1・2年生】

テーブルにはお寿司やサンドウィッチ、お菓子などたくさんの食事が用意されており、大喜びしました。そして、他校の高校生とワイワイ楽しい時間を過ごすことができました。終了の時間となり、残っている食事やジュースを見て「残したらもったいない！」っと、ラストスパートをかけました。さらに残っているペットボトルのジュースをお土産（？）にいただいたのですが、私たちが一番もらいましたね（笑）。【3年生】

(4) 歓喜の瞬間

3年生が模試のため、2日目の表彰式は1年生2名で臨みました。心の中で「ポスター賞、獲れたらいいな」と願って発表を聞いていました。すると、学校名が呼ばれ顧問の先生と大喜びしました。先輩方の最後の大会で受賞できたのは本当に良かったです。【1・2年生】

5 指導教員からのメッセージ

　120件のポスター発表、10件の口頭発表、海外からの招待発表、大学教授の特別講演など非常にアカデミックでエネルギッシュな雰囲気に圧倒されました。私自身、本大会の参加ははじめてで、生徒は勿論、課題研究の指導にあたる高校教員にとっても、刺激的で学び多き機会となりました。生徒たちは授業の予習復習や兼部する部活動・生徒会活動、学校行事などにも力を入れながら、課題研究活動に取り組んでいます。研究をなかなか進められず、もどかしいことも多いですが、ざっくばらんにディスカッションすることを大切に、試行錯誤を重ねながら指導しています。探究の成果として今回受賞できたことを生徒とともに大変喜んでおります。研究を進めるにあたり、大阪大学大学院工学研究科の藤内謙光准教授をはじめ研究室の大学院生の皆様方に大変お世話になりました。また、各種発表会でご指導・ご助言いただいた先生方、本大会の企画・運営いただきました関係者の皆様方にこの場をお借りしまして、改めて感謝申し上げます。

141

炎色反応の規則性　3種類の炎の並び方

奈良県立奈良高等学校 化学部
Members 則包栄太、佐藤圭太朗、濱田幸汰、西川真翔、當麻壮介、
　　　　樋口帆乃香、黒野晴香 福本翼、佐伯真都
指導教員 小川香、古谷昌広

研 究 概 要

　先輩方はレインボーキャンドルという商品から、炎色反応において炎の色が並ぶ順番には規則性があるのではないかと考え、2種類の金属塩（塩化物）を混合して炎色反応の研究を行いました。その結果、炎の色が並ぶ順番は外炎から金属単体の融点の高い順に、また、金属塩の格子エネルギーと金属原子が励起する際のエネルギーの和の高い順に外炎から並ぶことがわかりました。次に、3種類の金属塩を混合してみると炎は色の識別が難しくなり、炎の形をろうそくのように細長く且つ揺れの少ないことが必要となりました。

　私たちは固形燃料の種類とその形を工夫し、安定な炎を作ることで、3種類の金属塩を混合した炎を観察することに成功しました。多くの金属塩の組み合わせは昨年度の研究の予想と合致しましたが、銅の入った一部の組み合わせでは予想とは異なり、炎の色の順が予想の順と逆転しました。そこで、銅の他に炎の色の順を逆転させる金属があるかを実験で確認しましたが見つからず、銅のみが逆転を起こすことがわかりました。そこで、銅の炎色反応の緑色に着目しました。その結果、光の三原色の観点で考えると色の逆転を説明できることがわかりました。

1 引き継ぎ

　先輩方から引き継いだ研究テーマの理論は難しい
ものでしたが、その分やりがいがあり楽しいもので
した。私たちが先輩方に加わって本格的にこのテー
マを研究するようになった時期は、3種類の金属塩
を混合するという段階でした。先輩方が引退する最
後の最後に今まで予想していた結果と異なる結果が
出てしまいました。そして、この原因をつきとめる
ことが研究テーマになりました。いまとなっては研
究テーマ選びにあまり苦労しなかったことは楽だっ
たといえるかもしれません。

3色の炎色反応

2 実験の経緯

143

　先述した通り、本格的にこのテーマに取組みはじめたのは、3種類の金属
塩についての研究をはじめたときです。先輩方の実験の手伝いをしながら3
種類の色が混ざったきれいな炎を見ていました。2種類の時の予想と変わら
ない結果が出続けたことに安心していました。ところが、ある日事件が起き
ました。銅、ストロンチウム、ナトリウムと、銅、リチウム、ナトリウムの
組み合わせにおいていままで予想していた結果と異なる結果が出たのです。
先輩方は研究発表会の論文提出締め切り間際で十分な時間がなく、逆転の原
因追求は私たちに託されました。先輩方の最後の研究発表会が終わり、私た
ちが化学部の中心となる時期になりました。

　4月、奈良高校にとって大きな出来事が起きました。新1、2年生は新3
年生と別々の校舎で学校生活を送ることになったのです。というのは、奈良
高校校舎は、耐震性を表すIS値が低く、基準を著しく下回っていたからです。
新3年生は、そのまま校舎に残って、IS値が基準を満たしている教室を使い、
新1、2年生は隣の大和郡山市にある廃校になった旧城内高校校舎を使うこ
とになったのです。新たな環境でしかも頼りになる先輩方と離れて活動をす
ることになりました。しかも城内校舎の化学実験室もIS値が基準を満たし
てないことがわかり、かつての調理室を化学実験室として使うことになりま

した。また、炎の観測を行ってい
た暗室は新しい化学実験室にはな
く、カーテンをつけ、段ボールで
目張りして無理矢理暗室を作りま
した。炎の色の逆転の原因を理論
面で考えるのはとても難しくて行
き詰まっていた上に、実験室の環
境の整備に追われ、なかなか実験

ができない日々が続き、もどかしさと焦りを感じていました。とりあえず手
は動かそうと、追実験を計画すると薬品がありません。奈良高校の校舎にい
る顧問の先生に連絡を取り授業が終わってから運んでもらわないといけませ
ん。先生は夕方の渋滞に巻き込まれ活動時間内に薬品が届かなかったことが
幾度となくありました。そんな逆境の中で実験を進め、銅が逆転に影響して
いることがわかりました。次に銅以外に逆転を起こす金属を調べるために、
銅の代わりとして塩化ニッケル、塩化コバルト、塩化クロムを使ったのです
が、この3つの金属塩は固形燃料を作成するのに使うトリオキサンにとても
溶けにくく、燃料を形成する前に沈殿してしまいました。次から次に問題は
積み重なっていき本当に結論を出せるのかという疑問を持ってしまい、不安
でいっぱいでした。結局、溶かすことは諦め、攪拌させたまま冷やして作成
しました。そして、予想と同じ順番に炎の色が並びました。つまり、逆転は

炎色反応の観察風景

起こらなかったのです。このことから、銅のみが
逆転を起こすことがわかりました。しかし、その
原因は依然としてわからないままで途方に暮れて
いたところ、先生に「光の三原色を考えてみたら?」
と助言していただきました。その助言が鍵となり、
光の三原色について考えるようになり、順調に実
験が進んでいきました。

3 燃料という障壁

　いつも炎色反応の実験をするときに、陰で支えてくれる必要不可欠なもの
があります。それは燃料です。トリオキサンは先輩方が探してくれた最も実

験に合う燃料です。燃料の条件は2つです。分子式に含まれる炭素数が少ないこと、そして融点が低いことです。燃焼させると黄色を強く出してしまう炭素は含有量が少ないほうが好ましく、液体の燃料では炎が広がり色の識別や位置の確認が難しいのです。そのため固形燃料を使う必要があるのですが、その固形燃料の融点が低いと簡単に溶かして成形することができ都合が良いです。先述した通り、塩化ニッケル、塩化コバルト、塩化クロムはほとんどトリオキサンに溶けず（アルカリ金属やアルカリ土類金属の塩化物もすこししか溶けなかったのですが）、ほかの金属塩と均一に混ざらず、同時に燃焼させることができないという問題がありました。トリオキサンに有機溶媒を加えたり、トリオキサンを別の燃料に変えてみたりしたのですが上手くいかず、先輩方の努力を身にしみて感じました。結局、溶けなかった金属塩は沈殿して固まる前に急冷して固めることにしました。

燃料を溶かす

燃料を流し込む

145

4 発表当日

　発表当日、朝からポスターを持ち緊張とともに会場へ向かいました。行きの電車の中では読み原稿を何度も何度も読み返し、必死に発表のシミュレーションをしていました。

　会場に着くともう既に多くの高校生や先生方、審査員の方々で会場は賑わっていました。会場につき受付を終わらせた後、ポスターをはり、発表までの間に再度発表の流れを皆で確認し本番までとても長い時間を過ごしました。そして迎えた発表開始の合図、私たちのポスター前には多くの人が聞きにきてくれました。発表中は夢中に記憶をたどりながら話していたので「大

きな声でわかりやすく」という基本を皆が忘れていましたが、発表を繰り返していくことでアドリブもできるようになりました。他校の発表も、とても参考になり、グランドコンテストで得られたものは多かったです。あっという間に発表は終わり、くたくたで結果は天に委ねるのみとなりました。

ポスター発表

5 発表後

　発表が終わって一息ついた後、レセプションパーティーに出席しました。他校の生徒と喋りながらご飯を食べ、発表で面白いと思った研究について発表者の方に詳しく話を聞きました。また同じテーブルだった高校生と話が弾み、研究だけでなく、部活や地元のよいところなども話し、発表の疲れも吹き飛ぶほど楽しむことができました。

　発表翌日、結果は YouTube の配信で見ました。配信がはじまると緊張して、勉強も手につきませんでした。そして、とうとう結果発表になり、ポスター賞の発表がはじまりました。次々と他の高校の名前が呼ばれとうとう最後の一校になり「受賞しないだろうなぁ」とほとんどあきらめかけていました。しかし、祈りが通じたのか、最後に呼ばれた高校は私たちの高校、奈良高校だったのです。喜びと安堵の気持ちに包まれました。

6 おわりに

　化学部は何度も実験に行き詰まりくじけそうになりました。しかし困難に直面するたびに試行錯誤の末、斬新なアイデアで乗り越え、何事にも代えがたい達成感とともに成長できました。これからも成長できるように化学部としてのチームワークをさらに高め、日々研究を進めていきたいです。

Chapter 8

海外招聘高校

An Intriguing Learning Journey

Hwa Chong Institution, Singapore
Members
Neo Shao Jun / Low Wei Sheng
Mentor   Accompanying teacher
Mrs Sow Yoke Keow   Dr Sze Min Ling Ella

An Adventure of Science in Japan

New Taipei Municipal Zhonghe Senior High School, Taiwan
Member
Wei, Chen-Yi
Mentor
Chao, Meng-Husan

A journey of chemistry in Japan

Tainan City Ying Hai High School, Taiwan
Members
Chen, Hsiang-Yu / Lin, Yuan-You / Cheng, Yu-Ting
Mentors
Huang, Chin-Chan / Hseush, Lung

Hwa Chong Institution, Singapore

Members
Neo Shao Jun / Low Wei Sheng

Mentor   Accompanying teacher
Mrs Sow Yoke Keow   Dr Sze Min Ling Ella

An Intriguing Learning Journey

Abstract

Metal Organic Frameworks (MOFs) have been gaining attention as emerging photocatalysts that can degrade organic pollutants in water. In this study, Iron(III) Fumarate MOF was successfully synthesized by refluxing a mixture of iron(III) chloride and fumaric acid, with water as the solvent. Iron (III) Fumarate MOF synthesized was able to photocatalytically degrade methylene blue, brilliant green and methyl orange dyes by radical generation, which was proven using Mass and Photoluminescence spectra analysis. The band gap of Iron(III) Fumarate MOF was determined to be 1.49 eV, which was lower than that of conventional photocatalysts. The effect of the presence of visible light and hydrogen peroxide on the amount of dye degraded was investigated. It was found that Iron(III) Fumarate MOF outperformed conventional photocatalysts, titanium dioxide and zinc oxide, by removing over 97% of all dyes. Hence, our MOF is a promising alternative to conventional photocatalysts in degrading dyes.

1 Day1

  Arriving in Osaka on a fine morning, the Singapore team were picked up from the Kansai International Airport by Professor Masatoshi Kozaki. Afterwards, we spent the day touring the city while embracing the fine weather. First, we went to the Kuromon Ichiba market for lunch in order to experience the unique food culture in Osaka. We tried out different types of local food, such as kobe beef, special fatty tuna (Kamatoro), *Okonomiyaki* and Hokkaido ice cream. We enjoyed trying the various types of food as they were all very delicious. We also went to the Namba Yasaka shrine, which had a very unique structure that was shaped like a lion's head. It was a really memorable experience for us to be able to observe such unique architecture.

149

2 Day2

  Our second day in Osaka was spent in the Research Facilities of the Osaka City University, where we were exposed to the interesting research at the Research Centre for Artificial Photosynthesis (ReCAP). We first attended a lecture by Professor Fujii about the basics of photosynthesis as well as its underlying mechanisms, such as the different reactions that occur during the process of photosynthesis, as well as the proteins and chemicals involved in the reactions. Afterwards, we learnt about the research that was carried out at ReCAP on how we humans can replicate the process of photosynthesis to solve the energy crisis that we are facing and to bring about a new future of power generation. Because photosynthesis is able to remove the greenhouse gas carbon dioxide from the atmosphere using light while generating sugars and alcohols as fuel, it would be able to solve 2 problems with 1 solution since undesirable greenhouse gases can be reduced while desirable fuel can be generated. Thus, we are genuinely fascinated by the ingenuity that resides within the research done at ReCAP and was amazed by the ways humans can replicate the wonders of nature.

Next, we toured the state-of-the-art facilities of ReCAP and the university, which includes equipment such as X-Ray Diffraction Spectrophotometer, as well as the Fourier-Transform Ion Cyclotron Resonance Mass Spectrometer. This was an eye-opening for us since high school students would hardly ever get to see such machinery, and it was really interesting to find out how they worked. We then did an experiment to observe the fluorescence of chlorophyll, where we extracted chlorophyll from

leaves using 3 different solvents: water (control), acetone, and ethanol. We then observed the red fluorescence of chlorophyll by shining Ultraviolet light on it, which was really beautiful.

Finally, Professor Kozaki introduced us to the Suzuki-Miyaura Cross Coupling Reaction, which is a reaction between an organic boride and an organic halide catalysed by a palladium catalyst to form a carbon-carbon bond. This is an important reaction used to synthesize many different drugs and chemicals for industries, which has many advantages since it is less toxic and can take place at relatively milder conditions. After which, we conducted an experiment to synthesize 2 fluorescent dyes and subsequently observed its property of solvatochromism, the phenomenon where the colour of the dye changes depending on the polarity of the solvent. Through this fun experiment, we truly have learnt a lot about fluorescence and solvatochromism.

3 | Day3

The next day, we went to the Department of Housing and Environmental Design and attended a lecture by Professor Craig Farnham about the Heat

Island effect and the problems that it causes. We learnt that with urbanization and global warming, the temperature of cities have been on the rise in recent years, which resulted in people being more vulnerable to heat stroke and other dangers. We were also exposed to the methods scientists adopt to measure thermal comfort, which depend on 6 factors namely metabolic rate, wind speed, air humidity, clothing insulation, air temperature and mean radiant temperature. Professor Farnham also measured the carbon dioxide concentration in the room using a detector before and after the ventilation fans were on, and showed us the importance of ventilation in reducing the carbon dioxide concentration in the room to improve the thermal comfort of the room. Afterwards, we assembled a thermocouple to estimate the thermal comfort of the room. We gained a lot from this lecture, demonstration and hands-on session, and we really learnt a lot about how to increase the thermal comfort in the city and to minimize the heat island effect.

151

After the lecture, we went to visit the Osaka Science Museum. Each of the 4 floors of the Osaka Science Museum houses a different theme. As we were curious about the items on display and the scientific theories that they demonstrate, we took our time to slowly explore each floor of the museum. In particular, there was a section in the Science Museum that displayed various kinds of minerals. It was an eye-opening experience for us as there were few opportunities for us to observe actual minerals that was on display. Even if we had some trouble understanding Japanese, it was nevertheless a very enjoyable and enriching tour.

The tour included a visit to the planetarium, which was shaped like a very large dome. Soon after we lied down comfortably in our seats, images of the cityline in Osaka was projected digitally throughout the entire dome. Since this was our first time going to an actual planetarium, we cannot help but be amazed at the advanced digital image projection technology that was used to project the entire cityline onto the dome. During the show in the planetarium, we were further impressed when the entirety of the dome was used to project the night sky. Professor Kozaki helped us to translate the Japanese show, so we were able to understand the show well. It talked about the origins of astrology, and also introduced us to several less well known constellations. The lifelike digital projections made the show a truly memorable experience.

4 | Day4

After having an awesome bento lunch at Osaka City University, we were invited to join the poster presentation, which marked the start of the 16th Grand Contest on Chemistry. The 120 participating projects had prepared posters to present their project in a simple, concise manner, and some  groups even prepared samples of the products that they have synthesized for easier presentation. We were amazed by the depth of the projects on display and the participants' ability to apply various scientific concepts in real life through their research projects, which showcases the creativity that the participants have.

For instance, the project about the Synthesis of Dye-Sensitized Photovoltaic Cells using Rhodamine B was particularly interesting as there is currently much research being done on Dye-Sensitized Solar Cells to solve the energy crisis. Another project that left a particularly deep impression on us is the project about the removal of low concentrations of radioactive Strontium (II) ions from polluted water near Fukushima using *Closterium Moniliferum*. We believe that that project is a really apt example of how the participants are able to apply what they had learnt to improve and benefit society. Although there was some difficulty for us to understand Japanese characters, we are able to interpret some of the posters due to the hard work of the participants in using visual aids and keeping their posters easy to understand. Some groups are able to present their project in English, which made understanding their projects a lot easier. A few groups even went the extra mile to prepare their abstracts in English, and we are very grateful to them for putting in additional effort just to ensure that we can better understand their projects.

After the poster presentation, we were invited to join the reception party, which was held in the canteen at the university. Professor Kozaki introduced us to the Japanese students, and gave us an opportunity to make a brief self introduction to the students as well. There was a lot of food in the canteen, such as sushi and noodles. We used this opportunity to interact with the Japanese students. The Japanese students were very enthusiastic and sociable, and a few of them even took the initiative to approach us eagerly and initiate the conversation with us right at the start of the reception party. We took our time to talk and interact with many students all across Japan, and we had an enjoyable time learning about Japanese culture from the students' perspective. In addition, we also talked about common interests, such as our hobbies, as well as our school life. We would definitely cherish the friendships we have forged with the Japanese students.

153

5 Day5

On the second day of the Grand Contest, we listened to the oral presentations of the top 10 projects. The presentations are interesting and were based on original and innovative concepts, which made it very engaging for us. In addition, most of the 10 groups presented clearly and fluently in English, so we were able to understand these projects very easily. There are a few groups that stand out in particular, as they used unique ways to make their presentations more interesting. For example, one group that investigated the factors that affect the colour of synthesized bismuth crystals brought the crystals that they have synthesized on stage, and these crystals were very captivating. All in all, we learnt a lot of new scientific knowledge from these presentations.

After the oral presentation of the Japanese groups, there was a special lecture given by Dr Masaki Horie entitled "12 years after jumping overseas: What I have seen through research life in the UK and Taiwan". We gained many insights on the life of a researcher from the special lecture, as Dr Horie went into detail about how he had spent his 12 years as a researcher overseas. We also learnt more about the culture in Taiwan and the UK from the lecture, as Dr Horie also briefly went through the culture he experienced while he was overseas. We also thought that the topics that he researched on, such as his research on Field Effect Transistors, was very interesting.

We were quite nervous before our presentation due to the presence of many distinguished guests in the audience who would be listening to our presentation. The blinding spotlights on stage made us more nervous during the presentation. However, thanks to the professors' and our teacher's encouragement, we felt more at ease. The questions posted by the audience after the presentation were very insightful, so it was a pat at the back for us since it meant that we had delivered our presentation successfully. The research projects presented by the Taiwan team were also very intriguing, and we had many takeaways from their projects as well.

6 Day6

In the blink of an eye, six days have passed and our six-day trip to Osaka came to a close. Our trip was a very fulfilling and meaningful one, as we not only acquired a lot of scientific knowledge from the various research projects in the contest, but we also learnt a lot about the Japanese culture.

7 Acknowledgement

We would like to express our sincerest gratitude to Osaka City University for inviting us to the 16th Grand Contest on Chemistry. In addition, we would like to thank our school, Hwa Chong Institution, for granting us the invaluable opportunity to participate in this event. We are very grateful to Professor Masatoshi Kozaki, Professor Hiroshi Nakazawa, as well their

colleagues for their great hospitality as our hosts during the trip. We would also like to thank our mentor, Mrs Sow-Peh Yoke Keow, for this project would not have been possible without her guidance and support, as well as Dr Sze Min Ling Ella for taking care of us throughout this trip.

155

New Taipei Municipal Zhonghe Senior High School, Taiwan

Member
Wei, Chen-Yi
Mentor
Chao, Meng-Husan

An Adventure of Science in Japan

Abstract

Interdigitated Electrode (IDE) is consisted of two independently microelectrode stripes with interdigitated approach. The compact integration of electrodes can promise lower driving voltage and higher sensitivity to surrounding variation, thus being largely utilized to biological lab-on-chip measurement systems, such as neurotransmitter-dopamine sensing chip and influenza DNA sensors. In this study, we successfully prepared IDE using robotic dispenser and IDE has good response to electrolytes solution. Each chemical has specific "slope set" with certain AC frequencies that could achieve effective pure chemicals differentiation. Surprisingly, IDE can be used to probe not only electrolytes composed of small ions, but also large biocompounds, such as sodium glutamate. Moreover, the soft PET substrate makes flexible IDE which is fittable to curved surface. Thus, the device could be stuck on machine joint or human skin for all-day detection, promising Big-Data acquisition and health monitoring.

1 Osaka City University

On the morning of October 23, 2019, we visited the biological and chemical laboratory. The equipment inside was very advanced, which did not exist in high schools in Taiwan. It was my first time to use so many expensive and advanced experimental instruments. With the professor's attractive introduction, I learned more about the principles and operation of the experimental instruments. In Chlorophyll Synthesis experiment, the team from Research Center for Artificial Photosynthesis (ReCAP) showed us the principles patiently and kindly responded to my questions, so that we could properly learn about the knowledge of this experiment. It was a very unique experience for me. I really appreciated for what they had done for us.

157

2 A Wonderful Place for Shopping

After the experiment lesson, we decided to go to Dotonbori, where is full of Japanese staple foods, medicine and so on. When we arrived there, we saw a lot of foreigners around. The tour guide also illustrated Dotonbori as a must-go place. Although the weather was not that good, it could not destroy our zeal. So we kept going. We spent about three hours shopping, considering that the time was not enough, because in Dotonbori there were lots of things we wanted to try. I think that is the reason why Dotonbori is one of the most popular places for tourists to shop. If I have a chance to visit Japan again, I will spend all the time there.

3 Poster Exhibition

It was very interesting for us to communicate with Japanese students. In the beginning, I was very nervous to communicate with other people in English, because it was my first time to talk with others and make friends. Although Japanese students could not speak English that fluently, they tried their best to make me understand about their works. Whenever I asked, "please introduce your research," they would kindly use gestures to show what he or she wanted to express. All of the students were enthusiastic. They also taught me Japanese, including greeting words and practical sentences; I think maybe one day I will use them. In addition, we shared something about our country with each other. Even though coming from different countries, I really enjoyed the interaction with them, full of smiles and body languages, which made the communication more interesting.

4 | Celebration Feast

After the poster exhibition, all of students and teachers were invited to the celebration feast. There is a special rule that students and teachers should be separated to different restaurants. In our restaurant, we introduced ourselves to everyone. In the beginning, some students were interested in Taiwan and came to talk with us, so that we could know the differences between Taiwanese students and Japanese students. One is the time they go to school is later than that in Taiwan, so they have more time to do what they want and what they like. Another is their student clubs are diverse. For example, in the drone club, students make their own drone, which is rarely seen in Taiwan's high schools.

159

5 | Oral Presentation

On the morning of October 27, dozens of Japanese teams presented academic results in English. Listening to their report, not only did I learn more knowledge, but also they shocked me with confidence. At that moment, to reduce my tension, I told myself, "Don't be afraid. Be more confident like the Japanese teams." Before my oral presentation, there was a short speech presented by Professor Horie, who major in chemical engineering from National Tsing Hua University. He shared Taiwanese foods and cultures, and he also introduced his research, which stunned me so much. I also learned a lot from it. Finally, it was my turn. This was the first time I have to share my research in English. I had spent a lot of time practicing, so that I could show my best to everyone. Standing on the stage, facing professors and students, I did not know the reason that my tension flashed away. Therefore, I could be more confident in my presentation. At the end of my presentation, some questions were asked by the audience, but I could not

understand the questions from the professors. At that moment, I felt so embarrassed. After my presentation was over, some of Japanese students cheered me up, which made me feel better. And this experience I will never forget.

6 | Delectable Food

To my surprise, Japanese foods were very delectable, especially Spare-rib Ramen or Okonomiyaki. During these five days of travel, we tasted a lot of foods that we had never tried before. The first day we arrived, we had Japanese style of dumplings. After

we finished, we went to a stand which sold the Taiyaki. When I had one bite, I was shocked by it. The stuffing inside melted in my mouth, and I felt so happy. The next day, we went to Dotonbori, what impressed me most is there was a whole octopus in Takoyaki. It was finger-licking, so I tried one more. All of the Japanese foods were delectable. If I have a chance to learn cooking, I think I will choose Japanese cuisines.

7 Final Conclusion

During these five days, not only did I learn a lot of chemical knowledge, but I also got great breakthrough. I have more confidence and courage than ever, and I also knew my shortcoming, English ability. I am very glad to make friends with Japanese students, all of whom were very kind and enthusiastic. I think I should learn from their effort and courage in order to make myself much better. If I have a chance to visit Japan, I think I will go to Osaka again. I would like to know more about this beautiful city

8 Appreciation

161

After this chemical contest, it is no doubt that I have to thank all of the people I met. First, thank Osaka City University to give me an opportunity to share my research to everyone and thank all of the professors who gave me advice, cheered me up, and assisted us to complete the experiment. And thank all of the people who help me to solve the problems during those five days. And thank National Taiwan University Dr. Chen, Ai-Jan, who invited us to participate in this activity and guided us to the places we wanted to visit. Finally, I want to thank my instructor Chao, Meng-Hsuan, and partners Wu, Zih-Yun and Lin, Zheng-Wei. Without our cooperation, there will be nothing left in my memory.

Tainan City Ying Hai High School, Taiwan

Members
Chen, Hsiang-Yu / Lin, Yuan-You / Cheng, Yu-Ting
Mentors
Huang, Chin-Chan / Hseush, Lung

A journey of chemistry in Japan

Abstract

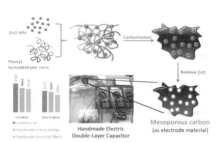

The quick increasing energy consumption arouses the interest in the development of power storages. Electrochemical supercapacitor is one of clean and sustainable candidates of energy storage system, and porous carbons are the most potential candidates as electrode materials for electrochemical supercapacitor because of their large surface areas, high chemical and physical stability, good conductivity, as well as low cost. In this work, we synthesized the mesoporous carbons by using ZnO nanoparticles as hard template via nano-casting synthetic process and natural porous carbon materials. The synthesized mesoporous carbon has a mesoporous structure. Because the surface area and pore size of the synthesized mesoporous carbon are larger than that of the coconuts fiber-derived carbon, the CV plots show that the synthesized mesoporous carbon has a good rectangular shape and a much better performance than that of the coconuts fiber-derived carbon. We also applied these porous carbon-based electrodes on both handmade as well as the commercial capacitors and measured their electrical performances. The handmade EDLC is less efficient than the commercial capacitor.

1 Osaka City University

In a cool and comfortable morning, we started our lectures at Osaka City University. We visited the research center for artificial photosynthesis (ReCAP), the equipment and device inside were advanced that we hadn't seen in high school laboratory before. After the simple introduction of the principle, we roughly understood the framework of this research.

The next lecture was in the organic chemistry laboratory, Prof. Kozaki taught us the Suzuki-Miyaura reactions and we conducted some simple experiments. We learned a lot and were attracted by the beauty of different fluorescent colors.

We also visited to faculty of Human Life Science. In the lecture, we took some quizzes about the 'Heat island' effect and body temperature. It was quite interesting to know the importance of housing and environmental design.

163

2 | Osaka Science Museum

Osaka science museum is definitely a must-to-see spot for the students who are fond of science, especially for us. We enjoyed the atmosphere seeing the stars on the planetarium with harmonic music and detailed constellation explanation. In addition, we also visited the scientific exhibition  area for education. Lots of knowledge was displayed by simple models or images, which left a deep impression on us. We had a wonderful time there.

3 | Urban tour in Osaka

During these days, we went to downtown and had fun by taking subway. We went to どうとんぼり, trying a variety of snacks in the streets full of Japanese style. One of the funny stories in our trip was due to the language barrier. We unexpectedly ordered vegetarian steak made with ravioli, it tasted quite strange, though.

Japan is the shrine of animation, and the most important event in this journey maybe was not the oral presentation, but visiting でんでんタウン truly was. All of the invited students enjoyed this spot and bought several figurines.

4 Poster presentation

As overseas students, we were invited to join the domestic students' poster presentation. We entered the hall with students and visitors and saw hundreds of posters there, and then we started to find posters we were interested in and interacted with Japanese students. In the beginning, we were worried about the language barrier, however science is the common language indeed to make us closer. Japanese students tried hard to introduce their researches in English that we could almost understand the detail of their projects, and there were many posters similar to our work, we enjoyed discussing some of the questions and learning new concepts from them.

165

5 Welcome feast

The welcome feast came after the poster presentation, it was held in the school cafeteria, there, all of the participants had tasty meal and drinks together, which gave us an opportunity to interact with Japanese students.

We met many Japanese friends and joined their games.It is definitely true that we speak Japanese more fluently after a series of activities.

6 | Oral presentation

In an excited and nervous mood, waiting at the backstage for the preparation of presenting our project later, we were ready to do our best on the stage. First time presenting project in such a formal occasion, when it came to our turn, we were shocked by huge numbers of people facing us, at that moment, we just took a deep breath and tried to focus on our presentation to conquer the nervous feeling. As the presentation went through, we felt much relaxed and confident. Finally, we had done our work together successfully.

It was quite amazing on the journey, from an insignificant thought to high school chemistry contest in Osaka. We never expected our project to go this far. Because of our instructors, organizers and staffs of this contest, etc, we had this opportunity to come to Japan, and it opened expansive horizons to us. We learned a lot in chemisry legend these days, we also met many Japanese high school students who are also fond of science. It would definitely become the unforgettable experience in our life, so, in the end of the contest, all of the overseas invited students with staffs,took photos together, to capture the memory in Osaka.

167

おもしろ化学の疑問Q8

タピオカの食感の正体は？

A8 2019年大流行したものといえばやはりタピオカドリンクですね。あの独特の食感に魅了された人も多いのではないでしょうか。ところでタピオカの材料は「キャッサバ」と言われる南アフリカ原産の芋であることは有名な話です。しかし、なぜ芋を使用しているのにあのモチモチした食感が得られるのでしょうか。

その秘密はキャッサバに含まれるデンプンに隠されています。デンプンと一口に言っても実はアミロースとアミロペクチンの2つが存在します。アミロースはグルコース（ブドウ糖）が直線上につながった高分子であるのに対し、アミロペクチンはグルコースが枝分かれしている高分子です。また、アミロペクチンの分子量はアミロースの約30倍であり、アミロペクチンの割合が高いデンプンほど粘性は向上します。タピオカはアミロペクチンの割合が他の芋に比べ多いため、あのお餅のような独特な食感が生まれるのです。

モチ モチ

アミロペクチン

Chapter 9

TISF2020 参加体験記

福島成蹊高等学校

Members：遠藤瑞季、加納清矢、根本佳祐

指導教員：山本剛、Lilian E. C. Yoneda

富山県立富山中部高等学校

Members：横山愛子、森山和

指導教員：浮田直美

福島成蹊高等学校

Our unforgettable journey of TISF

高校化学グランドコンテストが終わってから出発までに…

　高校化学グランドコンテストが終わってすぐに、TISF の準備がはじまりました。まずは、事前審査用のポスターを作成しました。写真や文字の大きさ、文字の色など先生とメンバーで相談し完成させ、発表練習はまず内容を日本語で考え、リリアン先生のサポートを受けながら英語に直し、英語で練習しました。

　練習以外にも海外のチームにプレゼントするお菓子や折り紙で作った鶴、手裏剣、シャツなど各種約 200 個作りました。また、プレゼント以外にもウェルカムパーティーで披露する日本舞踊やけん玉の練習、福島の紹介をするためのスライド作りなども行いました。

170

【2月1日〜2月2日】

　飛行機を降りると、迎えの車がホテルまで送ってくれました。夕食まで時間がまだあったため、台北が一望できる台北 101 に向かいました。日本とは違う景色を見ながら、発表や様々な国から来た人との交流に思いをはせました。

＊＊　遠藤瑞季　＊＊

　この日、台湾へと着きました。気温は 25 度もあり、2 月なのに薄い長袖でも十分過ごせるほどに暖かかったです。夕飯には本格的な四川料理を食べて、お腹を満たし、ホテルへと戻りました。家族や友達に台湾へ着いたことを報告すると応援の言葉を沢山もらい、これからはじまる大会への気持ちも引き締まりました。

＊＊　根本佳祐　＊＊

【2月3日】

　ホテルからバスに乗って会場である国立台湾科学教育館に移動し、ポスターの準備をしました。この日はじめて会った海外のチームの生徒が様々な言語で話しているのを聞いて、国際大会に来たことを強く実感しました。

　開会式で行われるショーに向けて、白衣のデザインをしました。日本のチームは背中に富士山と桜の絵を描きました。午後は自由行動だったので科学館の周りを散策し、夜はウェルカムパーティーに参加しました。台湾の学校の紹介や、科学館の館長の話があり、私たちは、福島の紹介や日本舞踊の実演、けん玉を披露しました。けん玉の練習をたくさんしたのに本番では成功することができず悔しかったです。

＊＊　根本佳祐　＊＊

　日本チームをサポートしてくれる生徒たちとの会話は、ほとんどが英語でした。午前中はポスターを貼り付け、使う資料をテーブルの上に置いてチェックを受け、発表の準備をしました。午後は自由に科学館の中や周辺を散策しました。教科書に書いてある内容が小さい子供でも理解できるように展示されていて、楽しい時間を過ごすことができました。日本の科学館にも、教科書の基礎的な内容が小さい子供でも理解できるような設備があると面白いと思いました。

＊＊　遠藤瑞季　＊＊

【2月4日】

　ついに、台湾国際科学展覧会の開会式がスタートしました。台湾の学校のダンスパフォーマンスの後、前日に作った白衣を着ての参加国紹介がありました。唐鳳さんの講演や昼食後のイベントで台湾、カナダ、トルコの生徒と

交流した時には、自分の英語がうまく伝わらなかったり、聞き取れなかったりして、悔しく歯がゆい思いをしました。今後の目標として、もっと英語を勉強しなければと思いました。

＊＊根本佳祐　＊＊

Opening Ceremony では、日本代表として前日に作った白衣を着て、ステージに立ちました。Ice Breaking Event では、海外の生徒との交流は難しかったですが、たくさんの友人ができました。夜は、夜市に行って大きなフライドチキンを食べました。その後ホテルに戻りポスター発表の練習をしました。ジャッジの日を考えるととても緊張しました。

＊＊加納清矢　＊＊

【2月5日】

この日はジャッジの日でした。先生たちから言われた「笑顔で発表だよ！君たちならできる！」という言葉に勇気づけられながら、いつ審査員が来るのか頭の中で何度も練習しながら待ちました。全部で2組の審査員へ発表を行っていると、あっという間に発表時間が終わっていました。

発表時間が終わると先生たちから「お疲れさま」と言葉を掛けられました。これで発表が終わったのかと思うと体の力がふっと抜け、午後からはじまる観光ツアーのバスの中ではぐっすりと眠ってしまいました。

＊＊根本佳祐　＊＊

　発表で一番驚いたことは審査員の先生方が机の上に置いていた研究ノートや先輩方の書いた論文、茶屋沼で採集した藻類の写真を見て「あなたたちの実験は大変だね」と声をかけてくれ、高評価してもらったことです。今後もさらに研究が発展するように、チームのみんなと協力して頑張りたいと思いました。

＊＊　遠藤瑞季　＊＊

　発表当日は緊張しました。しかし、発表は特に問題もなくできました。発表後には、沢山の質問をされ大変でしたが、協力して回答しました。わからない単語もあり、もっと勉強しないといけないなと感じました。震災が起こった福島の問題を解決したい気持ちが伝わってほしいです。

＊＊　加納清矢　＊＊

【2月6日】

173

　午前中は自由時間のため龍山寺に行き、午後はポスターの一般公開でした。ポスターは、予想以上に多くの人が聞きにきてくれたため、ほとんどの時間を発表に使いました。また、発表の最中にお菓子を配ったり、お互いの研究について話をしたりしました。私たちの発表を聞いて「とても面白い」や「いつから研究をはじめましたか」と聞かれて「8年前からです」と答えると、とても驚いていました。

＊＊　遠藤瑞季　＊＊

【2月7日】

　ついに閉会式です。会場には多くのメディアがおり、結果発表が近づくにつれてとても緊張したのを今でも覚えています。ついに環境工学部門の発表がはじまり、4等賞から受賞チームが呼ばれていきます。いつ自分たちが呼ばれるかさらに緊張して待っていると、2等賞の発表で私たちの名前が呼ばれました。信じられませんでしたが、檀上からの景色を見ていると段々と実感が湧いてきて、とても感動しました。

＊＊　根本佳祐　＊＊

　先輩方から研究を引き継ぎ、8年間積み重ねたことが評価され、2等賞を受賞できたことは大変嬉しかったです。しかし、嬉しい気持ちの反面英語を聞き取る力や話す力が不足していたために、相手に上手く話したいことが伝わらなかった部分もあり悔しかったです。そのため、今後自分の成長のためにも、英語を基礎から勉強したいと感じました。

＊＊　遠藤瑞季　＊＊

　Award Ceremony では、なんと2等賞でした。昼は故宮博物院に行き、隣にあるレストランで牛肉麺を食べました。夜も台湾料理やチャーハン、ビーフンなどを堪能しました。

＊＊　加納清矢　＊＊

【2月8日】

　午前中に、帰国する荷物をまとめてチームの皆と台湾大学の見学へ行きました。台湾大学には一般の方でも24時間使える自習室や図書館があることを知り、勉強に対する姿勢に驚きました。他にも飛行機に乗る時間まで、中正記念堂に行ったり、台湾総督府を見たりしました。そしてついに、1週間滞在した台湾を離れ日本へと帰国しました。

＊＊　根本佳祐　＊＊

TISFを体験して〜指導教員の視点から〜

1. はじめに

　TISF に参加して、先ずは無事、行って帰ってこれたことに感謝申し上げます。新型肺炎により、世界各国で毎日、患者数が増加していく中、ギリギリまで台湾での発表準備と同時に、自分の身は自分で守らなければと、1 月中旬からマスクや除菌できるアルコール入りのウェットテイッシュなど、携帯用のものをたくさん準備してきました。実際に台湾に着くと、TISF の会場、移動バスやホテルはもちろん、街のパン屋ですら体温を測定し、アルコールを手に吹きかけられ、新型肺炎に対する台湾の人々の行動に驚かされました。新型肺炎に対する日本の対策についても、このままで大丈夫なのか、早急にやるべき対策があるのではと改めて考えさせられました。

2. TISF で感じたこと

　TISF は、世界中の国や地域からの参加があり、その国や地域の科学コンテストで優秀な成績を修めた学校が参加しており、非常にレベルが高い大会です。特に、開催国である台湾については、米国で行われる世界最大規模の科学コンテストである Intel ISEF にて、昨年は全カテゴリーで入賞するという快挙を達成し、日本とは比較できないくらいハイレベルな学校ばかりで、そのレベルの高さに本当に驚かされました。

　最初に、生徒たちの研究成果に対する審査ですが、生徒たちは制服を着用せず、どこの学校かわからない形で審査されます。全員がリクルートスーツのようなフォーマルの服装で審査を受けます。また、事前チェックを受けたものしか審査会場に持ち込みができず、タブレットのカバーや水の入ったペットボトルまで荷物として預ける必要がありました。もちろん指導教員も会場には入れません。研究ポスターやプログラムの記載も研究タイトルしか記入がなく、研究者や指導者の名前はもちろん、どこの学校の研究テーマかがわからないようになっています。審査員の名前は全く公表されません。表彰式のときに審査委員長が明らかになるだけでそれ以外はわかりません。大学の指導も受けながら取り組んだ研究については、その研究指導に携わった関係者は審査員から除外されています。非常にフェアな形で審査が行われていました。外国のチームも混じっていますので基本、すべて英語で審査され

ます。10 分発表、5 分質疑応答です。本校の場合は、2 回審査があり、各回に 3 人の先生が審査員としてポスター前に来られて、審査がありました。事前にポスター等チェックされ、審査員の先生方から研究に関する質問を数問され、受け答えも審査の対象となっています。この部分の練習をしっかりやっておかないと、大変だということが今回参加してよくわかりました。また、3 年間の研究ノートや研究を通じて取り組んできた活動（生徒たちが企画した小学生対象の観察教室など）も重要で、本校はこの部分で高評価をいただきました。

　次に、一般公開についてです。台湾の高校生は、大変熱心で多くの高校生が見学に訪れるため、先ず入場制限がありました。約 1 時間で見学者が入れ替わり、各ポスター前には多くの高校生や現地の高校の先生方が発表を聞きに来ていました。昨年のグラコンに参加した台南の瀛海高級中学の薛龍先生が、参加している台湾の学校の先生方に「福島成蹊高校が日本一になった学校です。」と紹介して下さり、常に本校のポスター前には見学者がいる状態となりました。特に印象的であったのは、多くの高校生が熱心に英語で質問してくれたことです。日本だと英語のポスターを見ただけで、話を聞いてくれる高校生が激減する様子を目の当たりにしてきましたが、台湾の高校生は話を聞くのはもちろん必ず質問もしてくれました。科学に対する興味・関心が高いのと同時に英語能力の高さに本当に驚かされました。日本との大きな差を感じました。

　最後に、表彰式についてです。表彰式は CPC Covention Hall で実施され、会場に入る前に手荷物検査、ボディチェックがありました。新型肺炎のことで大変な状況下でしたが、副大統領が表彰式の一部に参加され、国が主導して台湾の科学教育に力を注いでいることがわかりました。また、この日は台湾の生徒たちも制服で参加し、表彰式で初めて研究者の名前と学校名が明らかとなりました。私たちのカテゴリーである環境工学部門は、外国のチームも最多の 10 チームのエントリーがありましたが、First Award の該当がなく、世界レベルの審査基準でしっかり審査されていることがわかりました。外国のチームも台湾の国内のチームと同じように審査され、国の代表として参加しても賞が取れない国もたくさんあることがわかりました。表彰式の最後に台湾代表で国外の大会に派遣される生徒が発表されるのですが、米国、トルコ、ブラジルなど世界各国へ台湾の代表として台湾の費用で派遣されること

がわかりました。また、最高賞を取った生徒は国内の勉強したい大学に無条件でどこでも入学できることを知り、TISF に参加する台湾の高校生のモチベーションが高い理由もわかりました。また、大会期間中、台湾の台北の建国高級中学の生徒たちが各国のサポーターとしてついてくれるのですが、この生徒たちのお蔭で参加した本校の生徒たちも安心して活動ができました。日本で同様な規模の大会を運営しようと考えると、世界レベルの審査、運営費用や各国のサポーターを務める生徒たちをどう育てるかなど多くの課題に直面し、世界の高校生が憧れるような大会ができるのだろうかと考えさせられました。各国の教員間での交流の中でも台湾の先生やトルコの先生から「日本でも同規模の大会がないのか」「他国と比較して、日本がサイエンスフェアーに力を入れないのはなぜなのか」や「日本からも自国である同様の大会に参加して欲しい」など声を掛けられました。台湾との差を埋めるには、まだ多くの課題が山積しているが、世界レベルに近づくためにも台湾の取り組みから学ぶことはたくさんあると感じました。

177

3. 終わりに

　TISF にはじめて参加し、海外のサイエンスフェアーの一端を知ることができました。本校の生徒たちにとっても大きな刺激を受け、大会中もどんどん成長していく姿を見ることができました。このような機会を与えて下さったグラコンの関係者の皆様に深く感謝申し上げます。本当にありがとうございました。

富山県立富山中部高等学校

【高校化学グランドコンテストから出発まで】

　上位入賞して海外派遣の資格が得られたら、迷わず行きたいと顧問の先生に意志は伝えていましたが、三大学学長賞を受賞して、私たちは TISF で発表する夢がかないました。

　はじめて海外に行くことになり、急いでパスポートを取得し、英語のポスターや展示物に付ける英語のラベルを作りました。TISF に参加する 10 日前に校内で研究発表会があったので、同じポスターを使って英語で発表をして TISF に備えました。また、部員みんなで、他国や台湾の参加者に渡すお土産にと、折り鶴を折りはじめました。お土産は、折り鶴と、日本らしさが感じられる桜のバッジの詰め合わせにしました。

178

移動日（2月2日）

　台北の松山空港に到着。すべてが漢字で書かれていて圧倒されました。新型コロナウイルス流行の影響で、台湾滞在期間中は建物に入るたびに、そして移動するたびにおでこに検温器をあてての体温測定が行われ、多くの人がマスクをしていました。展示品にガラス製のものを使用してはいけないことに出発前日に気づき、ガラス瓶に入れていた NaCl 結晶を日本から持って行ったプラスチック容器に入れ替えました。

大会1日目（2月3日）

　8時半に大会参加者とともに専用バスで会場に向かいました。会場に着くと、各国担当の臺北市立建國高級中學の高校生が出迎えてくださいました。3 人の日本チーム担当の高校生は、英語が流暢で日本語の通じる高校生もいて、話を聞くと、幼いころから外国人が周りに多くいて、さらにテレビなどで日本語を学んでいると話してくれました。皆さんの話を聞き、自分たちも頑張らなくてはと思いました。早速ブースに用意された段ボールにポスター

を貼ったり、展示物を並べたりしました。その後、代表者が開会式に着る白衣にペイントをしました。福島チームが富士山と桜の図案を考えてくれていたので、それをみんなで協力して絵の具で塗りました。

　午後は館内を見学しました。展示は多岐に渡り、様々な体験コーナーもありました。しかし、勉強不足のせいで中国語と英語の解説だけでは詳しく理解できず、さらりと見る程度になりました。18時からホテルでウエルカムパーティーが開かれました。会場では国ごとに円卓につき、座って夕食を取りながらのパーティーでした。富山チームはおそろいの東京パラリンピックの法被を着ました。福島チームがまず日舞を披露し、スライドで福島県を紹介しました。私たち富山チームは、ポスターを映してもらって富山を紹介し、「となりのトトロ」の主題歌を流し、アニメの盛んな日本をアピールしました。トトロは会場のみんなが知っていて、楽しい雰囲気になりました。歌や楽器の演奏、ダンスをする国もあり、プロ顔まけのマジックを披露する台湾の高校生もいて、大変盛り上がりました。

179

大会2日目（2月4日）

　10時に開会式があり、台湾の高校生がダンスを披露してくれました。その後に、各国代表者が昨日ペイントした白衣を着て登壇、唐鳳氏の講演もありました。

　午後は高校生どうしのアイスブレーカーイベント。1グループ10人くらいの班に分かれて、各国の生徒がいりまじり、楽しいゲームをしました。台湾の方も各国の方もみんな親切で、キョトンとしていると英語で言葉をわかりやすく言い換えて教えてくれました。台湾の高校生の中には日本語を習っている人もいて、言葉に困った時に教えてもらいました。ジェスチャーゲームはうまくいきましたが、中国語の伝言ゲームはぐちゃぐちゃになり面白かったです。「我愛你（アイラブユーの意味）」がエレファントになってしまうなど、中国語の発音に外国人が散々に翻弄される結果となりました。中国語の発音は難しかったけれど、1音1音ゆっくりはっきり言ってくれて次に受け取る人も一生懸命汲み取ってくれ、なんとか伝えることができた時は嬉しかったです。何をすればよいのかなど、同じチームの台湾の学生に英語で尋ね、英語で教えてもらう感じで、交流会を楽しむことができました。日本

の大学に行きたいという高校生もいて、日本を身近に感じてくれているようでした。

　桜のピンバッチと鶴の折り紙を配りました。みんなに喜んでもらえ、「桜」とわかってもらえ、すぐにネームプレートの紐につけていただき嬉しかったです。みんな親切でした。みんな「謝謝」と頻繁に言っていました。ありがとうの言葉があふれていて、素敵だと思いました。

　会の終わりにアナウンスがあり、展示に問題のあるチームの番号が呼ばれました。私たちのチームもまさかの呼び出しを受け展示ブースに向かうと、注意書きが貼ってあり、台湾の高校生スタッフも日本語を使い「結晶の現物展示はダメ」と口頭で教えてくれました。実物結晶は展示物から外し、模型と写真をきれいに並べて展示の変更をしたところ、OK が出てホッとしました。美しい正八面体の食塩結晶の現物を肉眼で見てもらいたかったので残念でしたが、わかりやすい模型を用意しておいて良かったです。

大会3日目（2月5日）

　8時に会場に着き、いよいよ9時半から審査がはじまりました。分野によって審査員の先生方がいらっしゃるのは、ばらばらでした。先生方はとても興味をもって聞いてくださったように感じました。発表の後、空き時間に他の学校の生徒といろいろ喋りました。みんな積極的に交流をしていました。

　午後は観光で「十分」に行きました。「台湾のナイヤガラ」と呼ばれる十分瀑布は、雨の後とあって足元は危ないながらも水量が多く壮観でした。その後、十分老街に向かい、天燈上げに挑戦しました。平渓線の線路内に入り、それぞれの願い事を書いた天燈を飛ばしました。晴れていたのできれいに上がりました。途中で2回電車がやってきて、乗客と手を振り合いました。バスの中では、日本チームを引率してくださった台湾の高校生の皆さんに折り紙をもらい、「財神爺」の折り方を教えてもらいました。

天燈に願いをこめて

大会4日目 (2月6日)

午後は一般公開が行われました。台湾の方々もたくさん来てくださいました。台湾の国内チームは時間制限で入場の入れ替えをしていました。外国のチームは入れ替えなしでずっと発表してよかったので、私たちは二人で一時間ずつ交代しながら発表することにして、他の発表も積極的に見に行きました。ア

一般公開での発表

イスブレーカーの時に一緒だった人達も来てくれて、そのチームの発表も見に行きました。近くで発表していた南アフリカの方と話すと、「日本語の発音好きよー」と言ってもらえて嬉しかったです。私たちは、台湾国内チームの中でも数学分野の正n角形の発表にとても興味をもちました。ポスターは中国語で書かれていましたが、パソコンで過程を見せながら説明してくださり、英語で説明してもらえたので、とてもわかりやすかったです。発表はさまざまな分野があり、ポスターは中国語のものが多かったので、英語で発表してもらいました。アブストラクトを配っているチームも多かったので、何かわかりやすい資料を用意しておくと良いと思いました。私たちの発表は英語での発表でしたが、専門用語など聞き手の台湾の高校生にわからない事があると、日本担当の台湾の高校生の方が英語を中国語に翻訳して相手に伝えてくださり、会話がはずみました。

181

大会5日目 (2月7日)

8時半にバスに乗り、表彰式が行われるCPCコンベンションホールに9時に到着しました。入場前に手荷物検査がありました。

表彰式の授賞発表は部門別に行われ、それぞれ4等から順に呼ばれます。いよいよ化学部門。台湾の研究が4等賞から1等賞まで次々と呼ばれ、自分たちは賞に一つも該当しなかったかと残念に思っていたら、さらに1等賞に「From JAPAN!」と呼ばれ、とても嬉しかったです。化学部門では1等には、台湾と私たちの2つの研究が選ばれたのです。心臓をバクバクさせながら、舞台上の画面を見る余裕もなく、壇上にあがりました。メダルをかけてくだ

さった審査員の方が日本語で「おめでとう」と言ってくださり、さらに嬉しかったです。福島チームも、環境工学部門で2等に選ばれました。とても嬉しかったです。日本のチームが両方受賞したことに、皆で興奮し、喜びました。今回 TISF でかかわったさまざまな人に「Congratulations!」と声をかけてもらえて、なお一層嬉しかったです。

【おわりに】

受賞は嬉しく、人生初の海外も楽しかったのはもちろんですが、今回の発表自体がとにかくとても楽しかったです。審査員や見学者の方々が毎回、しっかり関心をもって聴いてくださったことも嬉しかったです。小さなハプニングも良い経験になりました。関わってくれた人が皆とても親切で、良い思い出もできました。そして日本チームの福島成蹊高校の皆さんが一緒にいることは、とても心強かったです。大会の5日間は大変貴重な経験をたくさんもらえた時間でした。ありがとうございました。

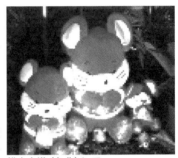

松山空港（台北）にて
新年のお祝いのネズミのオブジェクト

182

◎教員研修の体験談

　大会2日目（2月4日）、生徒たちがアイスブレーカーでゲームをしながら国立台湾科学教育館内を巡っている間、外国の代表団や指導教員の先生は台湾国内の先生方と一緒に、ワークショップに参加しました。2つの課題が与えられました。2つ目の課題では、台湾の若い女性の先生とペアを組みました。4枚のカードの内容を満たすものを短時間で、身近な廃材を用いて作製する工作でした。私たちに配られた4枚のカードは①デザイン：仮面装着、②誰のため：子供たち、③使用目的：病気から守る、④さらなる機能：自動制御可能ロボット、の絵が描いてありました。突然の課題で何をするのかよくわからず困っていると、ペアの先生から、「こどもたちのヒーローのロボットを作りませんか」と英語で提案してくださいました。「なるほどそういうことか」と合点のいった戦隊合体ロボットが大好きな私は、夢中になって廃材をかき集め、倒れにくい段ボールの足をもつ、悪い病気から子どもたちを守るというコンセプトのロボット型人形を二人で協力して作りました。台湾のこの若い先生は日本に行ったことがあるそうで、とても親切で、楽しい時間を過ごすことができました。

ロボット完成

　また、一般公開の前に1時間ほど時間があったので、國立臺灣科學教育館の向かいの建物である臺北市立天文科學教育館に建國高級中學の高校生と一緒に行きました。TISF参加者は、隣接する天文館や児童遊園地（台北市兒童新樂園）への入場料が無料となっていたのです。天文館の展示はとても素晴らしく、天文ファンは必見です。4階にある「宇宙探險」は子どもたちに人気のあるアトラクションで、2～3人が乗車できる乗り物に乗って約15分間、テーマパークのように宇宙の旅をするものです。英語の解説を選び、わくわくしながら宇宙について勉強することができました（この乗り物は別料金70台湾ドルを支払う必要があります）。

　TISFに参加する当日まで、大阪市立大学の小嵜正敏先生には手続きを含め、TISF本部との連絡や詳しい情報を伝えていただきとても感謝しています。また、大阪市立大学の中沢浩先生、名古屋市立大学の櫻井宜彦先生には

TISF 参加に際してのアドバイスと激励のお言葉をいただきました。三大学学長賞受賞に際して、横浜市立大学窪田吉信学長からいただいた激励のお言葉は、困難な時も前に進む力を与えてくださいました。福島成蹊高校の皆様には TISF において様々な面で支えていただきました。TISF 関係者の皆様、臺北市立建國高級中學の高校生の皆様、この機会を与えてくださいました高校化学グランドコンテスト主催者の大阪市立大学、名古屋市立大学、横浜市立大学、読売新聞社をはじめ、支えてくださいましたすべての皆様に感謝申し上げます。

Chapter 10

ISYF2020 参加体験記

岐阜県立岐阜高等学校 自然科学部 化学班

Members
白井良明、榊原和眞

指導教員
日比野良平

12th International Science Youth Forum @Singapore 2020 報告
期間：2020/01/11 ～ 2020/01/18

はじめに

　2019年10月27日に大阪市立大学で行われた高校化学グランドコンテストの口頭発表において、「高吸水性高分子の吸水の仕組みの解明と溶液中の陽イオンの関係」と題して研究発表をし、読売新聞社賞を受賞できました。結果、シンガポールで開催されるISYF2020への招待を受け、参加した報告をします。

　ISYFは毎年1月にシンガポールで開催される国際科学青年フォーラムで、世界19ヵ国から44校、120名以上の高校生と指導教員が参加しています。ISYFは、若者が互いに議論しアイディアを共有する場を設けると共に、ノーベル賞受賞者や著名な研究者との交流を通して科学研究への関心をより高めることを目的としています。また、異文化交流を通して相互理解を深め、世界中の高校生が友情を結ぶ機会も提供しています。

186

生徒日程（白井、榊原）

1/11 土曜日
中部国際空港集合→ドンムンアン空港（タイ）→チャンギ空港（シンガポール）

　離陸までの待ち時間は、機内食が楽しみだと言っていました。3人とも同じ機内食を頼んだはずなのに、なぜか榊原君のだけ「チンおじさんの鶏飯」という、名前的にも突っ込みどころ満載な機内食でした。フライトは、中部国際空港からタイのドンムンアン空港を経由してシンガポールへ行きます。ワクワクしながら日本代表として発表するという責任も強く感じました。英語が不慣れな僕たちが1週間も海外で生活し、他国の高校生たちと交流できるのだろうかとすごく不安でしたが、海外で研究を発表できるチャンスを楽しみながら多くのものを身につけようと決意しました。

　シンガポールに着いたのは夜中の12時であるにも関わらず、Hwa Chong Institution の生徒さんが空港まで迎えに来てくれたことには驚きました。

ISYF の運営は同じ年齢の高校生の生徒たちが担っているのです。海外の生徒たちの高い行動力、積極性、自主性といった力に初日から驚かされました。

1/12 日曜日 ＜Day0＞
観光

　フライトの都合により ISYF の開催日よりも 1 日早く到着したので、観光をしました。マリーナベイサンズやマーライオン、中華街などの有名な観光地を回ることができてとても充実した 1 日でした。

　観光から戻り、4 人部屋の寮へ戻ると、前日はいなかったルームメイトが到着していました。ISYF ではあらかじめ決められたグループで様々な活動をすることになっており、同じグループの人とルームメイトになります。ちなみに、今年は衛星・探査機にちなんで各グループに名前がつけられており、僕たちのグループ名はそれぞれ「Parker」と「Curiosity」でした。初対面の人同士が打ち解けられるように、グループのみんなとゲームをしたのですが、英語でのルール説明がなかなか理解できず、言語の壁を痛感しました。それでも、グループの仲間が助けてくれ楽しく遊べました。

1/13 月曜日 ＜Day1＞
TPC Discussion → Amazing Race

　TPC（Team Project Challenge）はグループごとで協力して、課題を解決するというプロジェクトです。今年は、「The Future of Transport!」というテーマのもと、陸または海のどちらかの輸送方法を選択して近未来的なアイディアの輸送車を作成し、その特徴をプレゼンします。どのような装置を作るかアイディアを出し合いました。「Parker」は再生可能エネルギーを利用した陸用の輸送車を作ります。英語での討論が早すぎて、また専門用語も多くてついていけませんでしたが、少しでも意見を伝えようと努力しました。

　午後からの Amazing Race ではグループごとに観光をしながらお題（○○を食べてみよう、○○で写真を撮ろうなど）を達成していきました。シンガポールの歴史や文化、自然について学ぶことができたとともに、グループのメンバーとの仲もより深めることができました。

1/14 火曜日 ＜Day2＞
大学・研究所見学 → Dialogue Session → Research Sharing

　午前中はグループごとに大学や企業を訪問し、最先端の科学技術を肌で触れることができました。僕が訪れた企業では、LED ライトの開発をしていました。自由に利用できる作業台やパソコンなどがあり、各従業員がのびのびと仕事ができる会社の形態に驚きました。

　午後からはノーベル賞受賞者をお招きした、セッションがありました。2009 年にリボソームの構造の研究によってノーベル化学賞を受賞されたアダ・ヨナスさんの話を拝聴することができ有意義な時間でした。特に研究職におけるジェンダーの話が印象的でした。

　夕食の後はいよいよ Research Sharing です。分野ごとに部屋に分かれ、お互いの研究をプレゼン発表しました。冒頭に日本紹介やジョークも交えながらプレゼンを行い会場に笑いが起き嬉しかったです。

1/15 水曜日 ＜Day3＞
TPC Discussion → Cultural Exhibition → ISYF Grand Ceremony → Poster Exhibition

　本日は TPC からはじまり本格的な工作です。車の枠組みをつくったり、タイヤをつくったりと役割分担しながら積極的に参加しました。

　Cultural Exhibition は、各国が伝統的な食べ物や衣装、おもちゃなどを持ち寄って文化交流をします。日本のブースには駄菓子やけん玉、コマなどを置き、衣装は長良川鵜飼を PR する法被で臨みました。みんな日本のブースに興味があり楽しんでくれました。

　次に 4 人のノーベル賞受賞者が壇上に出て、対話形式で議論をおこなっていくという Grand Ceremony です。質問できなかったのですが、海外の生徒たちはノーベル賞受賞者たちにも臆することなく積極的に質問や意見を述べて感心しました。

　最後にポスター発表がありました。グランドコンテストではプレゼン発表

だけだったので、ポスターを作って発表するのははじめてでなかなか緊張しました。英語での質問には詰まることもありましたが、指導教員や高校生からの意見を聞くことができ、本当に良かったです。

1/16 木曜日 ＜ Day4 ＞
Master Class → TPC

Master Class は、少人数グループに分かれて著名な科学者たちの話を聞きます。僕のクラスの先生は Professor David Cameron-Smith 氏でした。食品を通して高齢者の健康状態をどのように改善するかという研究をしています。最近問題となっている生活習慣病や食品ロス、遺伝子組み換え作物など食品に関する幅広い話を聞きました。

午後から TPC の記録測定＆プレゼンテーションによる発表会がありました。測定では、どれだけの重りをどれだけ素早く遠くへ運べるかという点が評価の基準でした。僕たち「Parker」の車は、残念ながらゴールまで行けませんでした。しかしプレゼンテーションでは工夫した点を審査員に最大限伝えることができました。プレゼンの準備は前日の深夜1時頃までかかった甲斐がありました。優勝は逃しましたが TPC の準備をしてきた3日間はとても充実していて楽しかったです。

189

1/17 金曜日 ＜ Day5 ＞
Survey and Feedback → Closing Ceremony

ついに最終日です。朝食の後、5日間の感想や意見をアンケートで答えた後、正装に着替えて Closing Ceremony の会場へと向かいました。会場は豪華なホテルで、パーティーに参加したことのなかった僕たちは緊張しました。ランチを食べながら、5日間を振り返るムービーを見たり、貴重な講演を聴いたり、各校の代表者が参加証を受け取ったりと、大いに盛り上がりました。

残念なことにフライトの都合でこの日のうちにシンガポールを発たなければいけませんでした。1週間お世話になった運営の生徒の皆さんやグループのメンバー、部屋の子たちにお別れの挨拶をして空港へと向かいました。将来、再び会える日が来ることを楽しみにしています。本当にありがとうございました！

注意事項・備考・心構え　などなど

＜お金＞
- ３万円ほど両替して持っていけば十分だと思います。
- 電車やタクシーなどの公共交通機関の運賃はとても安かったです。

＜持ち物＞
- 飛行機の中や、夜の寮内は冷えることもあるので上着があるといいかも。
- 折り紙やバッジなどのちょっとしたものを持ってゆくとお互いに交換できて便利です。

＜その他＞
- スーツケースは重量オーバーしないように気を付けて。
- 黙っているよりは、片言でもいいから自分の意見を言ったほうが絶対にいいです。
- 海外では LINE ではなく WhatsApp という SNS が主流らしいです。あらかじめインストールしておくと、連絡先の交換がスムーズにできます。

190

教員日程

1/11 土曜日 及び 1/12 日曜日 ＜ Day0 ＞

　生徒と行動を共にしました。Day0 の後半、プログラムの開始からは、生徒と教員はそれぞれに行動することになりました。私は、引率者への説明会で軽く自己紹介をした程度で１日を終えました。

1/13 月曜日 ＜ Day1 ＞

　朝の７時から、会場となった学校の朝礼に合わせ記念撮影がありました。会場の Hwa Chong Institution Boarding School は、小学校から大学までの各課程と、外国人学校を含め１つの敷地内に全てがまとまっており、寄宿舎も備えた大きな学校でした。その全ての学生が集まっての記念撮影で、とても大人数での撮影でした。

　その後、教員プログラムは観光になっており、５〜６人の教員グループで市内を観光しました。私たちのグループは、世界遺産に登録された植物園を見たあと、中華街へ向かい、道中でシンガポール文化の１つホーカーズで食

事をしました。シンガポールはあらゆるアジアの文化が入り交じっており、屋台村のホーカーズにも各国のメニューが並び、ハラール食もあるなど、日本では感じられない文化を感じました。グループにはシンガポールで理科を教える教員も入っており、日本やタイ、シンガポールのことについてお互いに紹介できました。

1/14 火曜日 ＜Day2＞

　午前中は教員向けの自然史博物館の見学があり、午後からは生徒たちと同じプログラムで、ノーベル賞受賞者の講演と、発表を希望した海外チームによる自国文化の紹介がありました。私たちは登壇を希望しませんでしたが、挑戦していれば良い経験になったと思います。

　夕食の後は自由時間でしたが、私は生徒の研究発表を見学し、1日を終えました。

191

1/15 水曜日 ＜Day3＞

　午前中は教員間の実践報告会があり、各国の先生方が科学教育の実践を発表されました。1人8分の発表と、2分の質疑となっていました。私は英語力に自信が無く、発表は希望しませんでしたが、当日に向け少しだけ準備して臨み、当日お願いして2〜3分だけ発表させていただきました。酷い英語でしたが、岐阜県の教員で作った化学の実験書を紹介し、作ることになった経緯や、その活用について発表しました。

　昼食前の文化交流からは生徒と同じ日程で進みました。文化交流の時間には、出国前に連絡を取っていた、現地で働く岐阜県内銀行の職員の方が、応援に駆けつけて下さいました。3日ぶりに日本語で会話できとても安心したことを覚えています。

1/16 木曜日 ＜Day4＞

　午前中は教育実践の報告があり、全ての発表が終わった後は、生徒の参加するMasterclassを見学し、午後は教員向けのフォーラムがありました。

1/17 金曜日 ＜Day5＞

　最終日も日程は生徒と同様ですが、教員は別行動となっていました。会場となるホテルは、ベイエリアの一等地に建っており、とても豪華な雰囲気のなかで豪華な料理をいただきました。海外のイベントの閉会式は豪華なものが多く、参加者はドレスなどで着飾り、派手な演出があるなど日本のそれとは大きく異なっていました。

参加した感想など

　私たちがこのフォーラムに参加することが決まったのは、グランドコンテストから少し間が空いて、11月下旬のことでした。当初、予定していなかったのですが、急遽参加の打診があり、色々な調整も含めて、短時間で当校内での参加の許可を取り付けました。その後、現地までの往復航空チケットの確保や、その渡航にかかる予算の確保など、多くの方々にお世話になりながら慌ただしく準備を進めました。私は海外での発表の経験は無く、語学力も含め心配は尽きませんでしたが、生徒にとって貴重な体験である事は間違いなく、参加を決めて良かったと思います。ただ、海外へ赴くたびに痛感する英語力の乏しさはいかんともしがたく、素晴らしい登壇者の方々の講演も、充分に理解できなかったことが悔やまれます。世界各国からの参加者は、引率者も生徒も英語でのコミュニケーションができており、コミュニケーションの手段としての英語の大切さを痛感しました。

　シンガポールという国は貿易で成り立っており、水道水すら輸入に頼っていると聞きました。国土も小さく資源のないこの国は、国力を上げるため教育に力を入れており、高い教養を備えた優秀な人材を育てたいという思いが随所に感じられました。このような国際的なイベントも学生が主体となって運営し、国が後援することで著名な科学者を招待し、子ども達に強い刺激を与えるという仕組みは、我が国でも見習うべき点が多いと感じました。それに伴って、世界各国から教育者も引率者として呼び、シンガポールの教員のスキルアップにも繋げていることなど素晴らしい仕組みだと感心しました。

　このような機会のきっかけを与えてくれた素晴らしい生徒達に感謝すると共に、参加を支えていただいたグランドコンテスト実行委員会の方々に、厚くお礼申し上げます。

Chapter 11

＜特別講演＞

海外へ飛び出して12年、英国と台湾での研究生活を通して見えてきたもの

My enjoyable academic life in the UK and Taiwan

国立清華大学（台湾）化学工程学科 教授
堀江正樹

1 はじめに

研究者として決してエリート街道を歩んできたわけではない私が、どうやって研究者になったのか、どうしてアカデミックにいるのか、という話を12年間の英国と台湾での海外経験を交えながら、皆さんにお話ししたいと思います。

2 研究をはじめるまで

出身は静岡県三島市です。富士山が見えるのどかな所です。幼少の頃からずっと小柄で、ご覧の通りいまでも小さいままです。勉強も突出してできたわけではありませんでした。そして大勢の前で発表するのは本当に苦手でした（今回、多くの方々の前で話をしていますが）。高校では、物理、生物、数学は苦手。化学だけは興味を持って勉強しました。大学は神奈川県の中堅私立大学、北里大学理学部化学科に進学しました。最近、北里と言うと、北里柴三郎が次期千円札の肖像になるとか、大村智博士がノーベル賞をとられるとかで、少し名前が知られるようになってきました。大学時代はアルバイトし、稼いだお金をオートバイにつぎ込み、毎晩友達と麻雀をやっていました。一方で、化学の勉強は、ほどほどにしていました。研究を仕事にすることに興味はあったのですが、研究職に就くためには最低でも修士の学位が必要であるということに気がづきました。

194

3 東京工業大学にて研究開始

東工大の山本隆一教授の下で卒業研究をする機会を与えてもらいました。最初のテーマは「共役高分子の合成と物性評価」でした。共役高分子とは、二重結合と単結合の交互構造を持っている高分子のことです。言われるがままに高分子合成し、そのフィルムに、電解溶液中で電圧をかけてみたら、ぱっと色が変わり、びっくりしたのを覚えています。化学の実験をやっていると、反応が進行して色が変わるとか、電圧をかけて色が変わる（エレクトロクロミズム）とか、あるいは光を当てて色が変わる（フォトクロミズム）とか、そう言った色の変化に敏感になることは非常に重要だと思います。なぜなら、

最初の状態と違う物ができている事を認識するきっかけとなるからです。今回の共役高分子の場合、最初の中性状態ではベンゼン構造を持っていまして、ここから電子を与えたり（還元）、電子を取り去ったり（酸化）すると、二重結合の位置が変わり、その電子状態が変化して色が変わります。この原理は、最近ではボーイング787のエレクトロクロミックウィンドウに使われています（高分子ではなく無機材料だと予想していますが非公開）。

　東工大には世界的に有名な先生方が多数いて、先輩方も非常に優秀で親切に実験を教えてくれました。それから、最新鋭の高額な装置（核磁気共鳴装置、質量分析装置、X線結晶構造解析装置など）が使いたい放題でした。もし、東工大で修士課程の研究もできたら、自分の人生が変わり、研究を通して世界が見えるのではないかと期待して、大学院受験をすることにしました。しかし東工大は難関国立大学です。私が高校生のときには、東工大受験などとても考えもしなかったです。しかし、大学院の合格率を見てみると、今年の実績で70％程合格しています。必死で勉強したら、合格の可能性があるのではないかと思いました。人生で最も勉強したのがこの時です。聴衆の中には、これから大学受験をする方も多くいると思いますが、もし不本意な結果となってしまったとしても、大学入学後、研究に興味を持ち続けているようでしたら、難関国公立大学の大学院受験をすることを勧めます。ただ、大学は勉強ができれば入学と卒業ができますが、大学院は研究をして研究結果を残さないと、修了できません。また、このような職業をしていると、同業者は難関大学出身者が多いです。彼らとディスカッションをしていると、彼らの頭脳の明晰さを実感することが多々あります。大学入試の時点でついていた大きな学力差を、研究時間、努力、独自のアイデア、さらなる勉強等で埋めなくてはなりません。

195

　ストレートに卒業した場合、大学は4年間で22歳、修士課程は2年間で24歳、博士課程は3年間で27歳で社会に出ることになります。台湾でも同様です。イギリスでは修士課程をスキップできるため、マンチェスター大学の研究室の友人は24〜25歳で博士の学位を取得していました。したがって、私の個人的な印象では、イギリスの博士課程の学生と日台の修士課程の学生の実力差はあまりない気がします。しかし、皆さんが将来、修士課程修了後に博士の学位が無くて国際社会に進出する場合、不利益を被るシーンがあるかもしれません。

私は修士課程の時に一般企業の就職活動をしたのですが、不採用でした。そんな時、東工大の小坂田耕太郎先生が准教授から教授に昇進され、私に博士課程への進学を勧めてくれました。ただ、当時の小坂田教授のご指導は大変厳しかったです。その時、一緒に研究室に入ってきたのが、今回の高校化学グランドコンテスト実行委員で大阪市立大の板崎真澄先生です。1ヵ月経って、2人で深夜のコンビニで、これでやっと1/36が終わったな、2ヵ月経って1/18が終わったな、と会話をしていました。数か月経つと、もうカウントしなくなりました。慣れたのだと思います。

4 初海外

私が25歳、博士課程2年生の時、ドイツとギリシャで開催された国際会議に参加しました。これが私にとってはじめての海外でした。そのバンケットで、身長190 cm以上ある目立つ先生がいまして、彼が歩くところを皆、

目で追っていました。周囲の人に聞いたところ、ノーベル賞が確実なカリフォルニア工科大学のグラーブス教授とのことで、突撃して一緒に写真を撮ってもらいました（図1）。実際、グラーブス教授は、その会議の3年後にノーベル賞を取っています。

図1：Grubbs教授との写真

グラーブス教授の業績であるオレフィンメタセシスについて、紹介します。オレフィンというのは二重結合のことで、メタセシスというのは位置置換のことです。カルベン触媒存在下、二重結合を介してある置換基が別の分子に飛び移ります。これにより、有機合成化学が劇的に発展しました。例えば、リングクロージングメタセシス（RCM）を使うと、二重結合を介して環を閉じることができます。それから、リングオープニングメタセシス（ROM）を使うと、二重結合のところで環を開くことができます。さらに、リングオープニングメタセシスポリメリゼーション（ROMP）を使うと、環を開いて重合することができます。私の研究室でもROMPについて研究をしているの

で、少し紹介します。我々はグラーブス触媒（ルテニウム＝炭素間に二重結合をもつカルベン触媒）を使って二重結合を持った共役環状分子のROMPを行い、様々な共役高分子を合成しました（図2）。これらの共役高分子は、赤青、赤黄、黄青ブロックのコンビネーションが可能で、可視領域でカラーチューニンができました。続いて共同研究なのですが、筑波大の山本洋平教授らは、我々の合成した共役高分子を使ってマイクロ球体を作成し、これらのマイクロ球体が波長幅の狭い特異な発光を示すことを観測しました。これにより、レーザーのマイクロサイズ化が可能になるのではないかと提案しています。

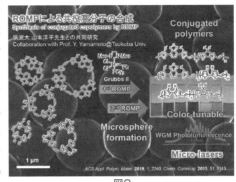

図2

　先ほど初海外の話をしましたが、実は初海外にして大冒険でした。トルコのイスタンブールから入り、ギリシャのアテネを散策し、電車とフェリーを乗り継いでギリシャのコルフ島に渡り、またフェリーに乗ってイタリアのベネチアに渡り、スイスを経由してドイツに入り、フランクフルトから帰国しました。学会以外はその日暮らしのバックパッカーをしていました。朝起きて駅に向かい、行き先を決めてチケットを買い、行った先でユースホステルを探しました。1ヵ月でたくさんの人と会話し、何となく英語が話せるようになった気がしました。

5 英国マンチェスターに行くまでに

　博士取得後は、理研にて博士研究員（ポスドク）をしました。3年間の契約でしたが、Natureのリサーチハイライトで、「Let's twist again: Masaki Horie of the RIKEN made a molecular crystal from rotaxanes」と、紹介してもらうなど、まずまずの研究結果が出ました。後で紹介しますが、ロタキサンという包接化合物が結晶中で動くことを世界ではじめて発見しました。研究者としての自信を持ちつつあった一方で、足りないのは英語力だと認識していました。30歳で10年近く研究経験がある研究者が、まだ一度も英語

で口頭発表をしたことが無かったのです。今回のコンテストで、多くのグループが英語で口頭発表しましたが、大変素晴らしいと思います。ぜひ、そのパフォーマンスを続けてください。研究する上で英語の読み書きは当たり前ですが、英語でのプレゼンも必要になってきます。私の場合は、海外に行ったら英語ができるようになるのではないかと期待し、英語ができないからこそ海外に行こうと決意しました。

　もちろん、名門大学・名門研究室に行ければベストですが、そういう所は世界各国から母国の経済的支援があるトップエリートが集まってきます。応募しても全く相手にされませんでした。日本からの何の後ろ盾もない私には厳しかったです。そこで、Nature や Science などの科学雑誌のインターネットジョブサイトを使って、就職活動をしました。化学分野なら何でも応募しました。ただ、闇雲に応募したわけではなく、応募先の研究室の論文を読み、応募先の研究室のテーマに合わせた自分なりのアイデアを提案して、「こんなことができます」「雇ってください」といった感じで応募しました。幸いにも英国マンチェスター大学の Turner 教授と Saunders 教授から電話面接をしていただき、すぐにオファーをもらいました。後に Turner 教授とパブで話しながらどうして自分を雇ってくれたのか聞いたところ、「Masaki の英語は全然ダメだけれど、東工大と理研を渡り、実験技術は信用できそう」とのことでした。ちなみに、日本国内の公募は全滅でした。理研の 3 年間の契約が切れた後、1 ヵ月間アルバイト生活でした。当時、結婚して 1 年目だったのですが、家族に対しては心苦しかったです。家内は楽観的であまり気にしていないようでしたが。

　マンチェスターはイギリス北西部に位置し、1800 年代に産業革命で繁栄した都市で、大学の母体もその頃に設立されました。マンチェスター大学は、英国内でオックスフォード、ケンブリッジ、インペリアルカレッジロンドンなどに続いて 6 番目。世界ランキングでは 30 番程で、東大・京大と同じくらいでしょうか。過去に 25 人のノーベル賞受賞者が在籍していまして、物理や化学の教科書に載っている方ばかりです。

6 いざ、あこがれの海外、英国へ

　英国に渡ったのは私が 30 歳の時です。……1 週間でホームシックになり

ました。朝起きて、天井を見上げて、ここはどこ？　意識がはっきりしてくると、随分遠いところに来てしまったなと実感して気分が落ち込みました。イギリス北西部は特に天気が悪く、毎日雨でした。外に出ると、代替が無いのに靴も服もぐしょぐしょに濡れました。英語は話せず、コミュニケーションは困難、家を見つけることからして難しかったです。ようやくキャナル（運河）ストリート沿いにあるフラットを見つけ、契約しました（イギリスではアパートのことをフラットと呼ぶ）。キャナル沿いにパブが立ち並んでいて、酔っ払い客がストリート上で用を足すので、すごく臭かったです。数時間おきにパトカーと救急車のサイレンが鳴り響き、危険であることにも気づきました。ストリートで配っているフリーペーパーには、毎週、凶悪事件が……。「とんでもないところに来てしまった」と思いました。それでも、3年間も住んでいると、そのうちに慣れてきて、友達に誘われてパブを楽しみましたし、夜も外がどんなにうるさくてもぐっすり眠れるようになりました。

　ラボの様子です。まず、実験台が高過ぎる！　イギリス人の平均身長が175 cmなのですが、私はそこから20 cmも低いのです。有機合成の際、撹拌機、オイルバス、反応容器、還流管、窒素バルブを組み立てなくてはならないのですが、高くて全然届きません。椅子の上に乗って実験していました（危ないので皆さんはまねをしないでください）。あと、トイレが高過ぎる！便器がすごい高い位置にあり、全然届きません。便座に座ると足がブラブラ。ウォシュレットなんて当然ありません。

　日本では換気扇付きの実験台のことをドラフトと呼ぶのですが、イギリスでは "hume hood" と呼んでいました。あと、ゴーグル、ラボコート、グローブスは必需品です。もし、一つでも足りていないと、安全管理の責任者が回ってきて、"get out!" と叫ばれて、1ヵ月くらい入室禁止になります。なので、皆しっかり守っていました。この点においては、日本や台湾では少しルーズなところがあります。皆さん、眼だけはしっかり保護してください。ピンセットのことは「トゥイザーズ」と呼びます。化合物名や実験器具は日本語と違うことが多いので、全部覚え直しです。知らないと実験ができません。ゴミ関係の英語も頻繁に使いました。「トラッシュ」、散らかっていると「メッシー」、ガラクタは「ルービッシュ」、いらなくなったら "through it away"、綺麗にしましょう "tidy up" などなど。あと、私は日本人なので、道具にはこだわりがある方です。ピンセットとかペンとか便利グッズは自分

199

で確保しておきたいのですが、実験台に置いておくと、皆持っていかれてしまいます。最終的には、自分の白衣のポケットから出し入れして使っていました。白衣のポケットがパンパンです。すると「ドラえもんみたいだね」って言われてしまいました。

7 自分が日本代表

　先ほど、ホームシックになった話をしましたが、日本で理研の同僚や東工大の先輩後輩に何度も盛大に送別会をやってもらった手前、1週間で寂しくなったのでと帰るわけにはいきません。研究室のメンバーは30人程で、そのうち半分がイギリス人、残りは世界各国から集まった外国人でした。したがって、外国人は皆、各国代表です。3年間、ラボで日本人は私だけでした。私が日本代表です。今でも私から見た各国の印象はラボの同僚なので、彼らの日本人に対する印象も私だと思います。「日本人は小さいな」と言われていましたが、「いや、これが日本ではスタンダードだ」と言い張っていました。折角イギリスに来たので、イギリスにいた痕跡を残そうと思いました。研究者が痕跡を残すということは、論文を書くということです。第1著者でなくても何番目の著者でもよいので「とにかく1報でも論文に名前が入ったら日本に帰ろう」と思いました。日本に帰るために「頑張って働こう」と決心しました。これが最初の1週間です。遅くまで研究していると、ラボで頑張っているメンバーはいつも同じで、次第に声をかけられるようになります。この反応が「上手くいかないが、どうすればいい？」などと、実験方法についても質問されるようになりました。なんとなく、研究室に居場所ができてきました。

　1ヵ月が経過し、"Masaki, Let's go for lunch!"と、いった感じで、ランチに誘われるようになりました。それからは毎日彼らとランチに行きました。友人を作るのに、ご飯を一緒に食べるのは、非常に大事です。学食、カフェ、パブによく行きました。パブは昼はランチメニューを提供しています。例えば、フィッシュアンドチップス（添え物の緑の豆は美味しくない）やイングリッシュブレックファースト（イギリスのソーセージはふにゃふにゃでおいしくない、ブラックプディングもおいしくない）などです。

　3年間何とかやってこられたのも、化学科の上司マイク・ターナー教授と

マテリアルサイエンス学科の上司ブライアン・サンダース教授がとても親切にしてくれたおかげです。マンチェスター大では大きなプロジェクトの予算で雇われており、上司が2人いました。別々にいろいろと命令をしてくるので、少々忙しかったですが。サンダース教授は非常にアットホームな研究室を主宰していて、半年ごとにピークディストリクトに散歩に連れて行ってくれたり、BBQやホームパーティに招待してくれたりしました。あと、友人の存在は大きかったです。特に、現在、台湾科技大教授のチンヤン・ユウ（レックス）、オランダ人で現在サウジアラビアのエンジニアをしているアブデル・チャキリ博士、九州大学准教授のアンディ・スプリングとは、よくドライブに行ったり、ホームパーティをしたり、パブに行ったりと、とても楽しい日々を過ごしました。3ヵ月程で英語の夢を見るようになり、日本に帰りたいと思わなくなりました。仕事に慣れるまでには、半年くらいかかったと思います。

先ほど、大きなプロジェクトで雇われた話をしましたが、インペリアルカレッジロンドンのジェニー・ネルソン教授には共同研究で大変お世話になりました。私のプロジェクトは、マンチェスター大で有機光電材料を合成し、それらをインペリアルカレッジロンドンに持って行ってデバイス作成・特性評価をするというものでした。したがって、マンチェスター大で材料ができないと、ロンドンに行けません。ロンドンに行くと、ビッグベンやハリーポッターゆかりの地を観光したり、公園を散歩したり、帰りにジャパンセンターで日本食を大量に買ってマンチェスターに持ち帰るなどができるので、これを目指してマンチェスターで頑張りました。

最初はどこかに名前が入った論文が1報出れば日本に帰ろうと考えていましたが、結果的には3年間で4報の第1著者論文と7報の共著論文を発表しまして、まずまず満足しています。うち4報は、「Journal of Materials Chemistry」という英国王立化学会（RSC）の雑誌で、材料系では有名な雑誌です。ベンゼンやチオフェンなどの芳香環を含む共役高分子を多数合成し、有機トランジスタや有機太陽電池への応用を検討してきました。この分野では、ヒーガー、マクダイアミド、白川先生らが2000年にノーベル賞を受賞しました。その後、こういった共役分子群は、有機EL、有機太陽電池、有機トランジスタなどに利用され、学術的にも産業的にも劇的な発展を遂げています。

8 マンチェスターでの生活

自宅でよく料理をしました。イギリスにはどこの家にもオーブンがあります。最初にオーブンを使って食パンを焼いてみましたが、真っ黒焦げになりました。あんパンが食べたくなって、家内に頼んで作ってもらいました。餃子は皮から作っていました。じゃがいもは5kg／100円と激安で入手でき、たくさんコロッケを作っていました。日本で普通に買える柔らかいキャベツが手に入らなかったので、紫キャベツや硬いキャベツを使ってお好み焼きを作っていました。あと、家内がスーパーマーケットで変な食材をしばしば買ってくるのですが（台湾でも変わらず）、ひょうたんみたいなものを買って割ってみたら、カボチャでした。味は普通でした。

10月下旬になると、日没が早く夜が長いので、気分が落ち込みました。それでもヨーロッパの方々はクリスマスの楽しみ方を心得ていまして、シティホールの前に大きなサンタクロース、クリスマスマーケット、スケートリンクができたりしていました。年明け大雪がありまして、とりあえず大学に行ってみたのですが、閉鎖されていました。それでも多くの同僚がいて、雪玉を作って投げ合って、大はしゃぎでした。今では大学の教授や准教授になっている人々です。あと、日本とは異なるデザインの雪だるまが至る所にできていて、結構かわいかったです。

202

9 国立清華大学（台湾）へ

次の行き先は台湾です。台湾の人口は約2300万人で、日本の1/5程です。面積は九州と同じくらいです。日本でも就職活動をしたのですが、不採用通知ばかり。日本で親切に声をかけてくださった先生が一人だけいらしたのですが、結局、台湾にある国立清華大学で助教になる方を選択しました。一番の理由は、台湾では助教から完全独立のポジションが与えられるからです。日本の上位の国立大学では、助教から独立できる人は少ないと思います。その場合、常に上司の先生に「これやっていいですか？」「これ買っていいですか？」などと許可を取らなくてはなりません。ただ、どちらの制度も一長一短なのですが。

次に国立清華大の紹介です。台湾内でのランキングでは国立台湾大に続い

て2番目、世界ランキングでは170番程で、日本の地方国立大と同程度です。学生数は約1万6千人で、大阪市立大と府立大を合わせたくらい、大阪大学よりも少し少ないくらいです。サイエンスとエンジニアリングに特化した大学です。私の所属する化学工程学科には、25人の教授、准教授、助教がいまして、全員完全独立の研究室を主宰しています。学生数や研究室の規模もほぼ平等です。外国人は私だけですが、教員もスタッフも学生もとても親切にしてくれます。キャンパス内に野良犬がたくさんいて、夜になるとアグレッシブになり、追いかけられたり吠えられたりして怖いです。あと、犬の落し物が多いので、台湾では常に下を見ながら歩いています。

10 結晶中で動くロタキサン分子機械

　私の分子機械の研究について紹介します。この分野では、ストダート、フェリンガ、ソバージュらが2016年にノーベル賞を受賞していまして、私の研究室では、特にストダートタイプのロタキサンについて興味を持って研究しています。ロタキサンは軸分子と環分子からなる包接化合物で、2つのコンポーネントの間に共有結合がありません（図3）。したがって、構造がフレキシブルで、環分子の位置を軸分子上で光、電気、熱などの外部刺激によってコントロールできます。ただ、これまでほとんどのロタキサンは溶液中でコントロールされてきました。溶液中では、たくさんの分子がランダムな方向に動きます。一方、結晶中では分子が綺麗に並んでいるため、分子モーションもそ

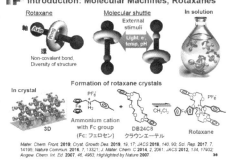

図3

ろっています。我々は、アンモニウムカチオン（$NH_2R_2^+$）にフェロセンがくっついている軸分子と、クラウンエーテルを使ってロタキサンを合成しました。フェロセンとは、5角形のシクロペンタジエニル基で鉄イオン（Ⅱ）をサンドイッチした有機金属化合物のことです。ちなみに、合成法が最適化されたロタキサンに関しては、高校生の皆さんが私の研究室に来れば、1週間で完

成できます。我々は顕微鏡に様々な波長のレーザーと温度コントローラーを導入し、結晶にレーザーを当てたり熱をかけたりしたときに、どのくらいの力を発するかなど動的な変化を観測してきました。

　レーザー光をON/OFFすると、結晶が大きくなったり小さくなったりしました。次に、結晶を115 ℃で加熱してレーザー照射すると、偏光下で色が変わりました。この現象を最初に観た時には、何が起こっているのかわからず、とにかく驚きました。今回我々は結晶材料を使っているので、X線結晶構造解析により、この分子構造の変化を確認できました。X線結晶構造解析を使うと、原子の位置を特定、すなわち、直接分子構造を見ることができます。これは、化学研究の醍醐味の１つです。学会でもX線結晶構造解析によって得られた分子構造を見ながら、分子の反応性や安定性を議論することが多いです。

　X線結晶構造解析により、我々のロタキサンが環軸 - 軸環の2量体を形成していることがわかりました(図4)。重要な点は、4つのベンゼン環が重なっていて、安定化していることです。このベンゼン環の重なりはπ - πスタッキングと呼ばれています。室温で光を当てると、ベンゼン環の同士の距離が伸び、光を切ると元に戻ります。まるでスプリングのようなモーションです。さらに130 ℃付近まで過熱すると、軸分子のベンゼン環2個がくるっとツイストします。ちなみに、こういった結晶中で動く分子は非常に稀で、ロタキサン系の分子機械でははじめての例です。通常、分子は結晶中では結晶格子の中でガチガチに固められているので、動けません。今回は、フレキシブルな構造を持つロタキサンを使うことで、結晶中で動く分子機械を実現できました。

図4

　結晶中で動く分子機械という非常に珍しい分子を発見し、とても嬉しくなりました。次に、分子構造を変えたら別の動きをするのではないかと期待して、いろいろなロタキサンを作ってみました。PF_6^-をAsF_6^-に変えてみたところ、残念ながら最初からねじれた構造をしており、これ以上動きません

でした。次に、軸分子末端を伸ばしてみたり、短くしてみたり、環分子にテトラブロモ置換してみたり、フェロセンを2個入れてみたり、環分子を2個入れてみたり、フェロセンを無くしてみましが、全然動きません。少し構造を変えただけなのに失敗続きです。ちなみに、この失敗がまだまだ続くのですが、つまらなくて皆さんが眠りに落ちてしまうので、スキップします。鉄をルテニウムに変えたときに、ようやく動くロタキサンとなりました。ルテニウムは周期表で鉄の一つ下にあります。ルテニウムは鉄よりも大きな原子半径を持っていて、ルテニウムのロタキサンは鉄よりも歪んだ構造になっていました。これにより、ルテニウムのロタキサンは、鉄のロタキサンよりも低い温度でツイストモーションがおこりました。また、小さな環分子を使った時には、環の凹凸がポッピンアイのように変化したり、大きな環分子を使った時にフェロセン部分がカチカチとギヤのように回転したりすることもわかりました。実際に合成してみないと結果がわからない難しいプロジェクトですが、予想外のモーションをする分子機械を発見できるのが楽しいです。

　最後にもう一つ例を紹介します。アゾベンゼン（ベンゼン-N=N-ベンゼン）をロタキサンに導入しました（図5）。アゾベンゼンは UV 光を照射するとトランス体からシス体に、可視光もしくは加熱によってシス体からトランス体に異性化します。これをロタキサンに導入したらどうなるか。最初の合成ターゲットは、一方は無置換、他方はロタキサンに繋がったアゾベンゼンです。X 線結晶構造解析によると、2個のアゾベンゼン部分がπ-πスタッキングでガチガチに固まっていることがわかりました。私の博士課程の学生が2年間かけて合成してようやく結晶化して、さぁ光を当ててみよう！　と意気込んで実験をしたのですが、……何も起こりませんでした。彼は非常にがっかりしたのですが、めげずに分子構造を変えて、メチル基が入ったロタキサンとテトラブロモクラウンエーテルを有するロタキサンを合成しました。すると、アゾベンゼンの可動部分は、フリーになりました。これらの結晶に光を当てる

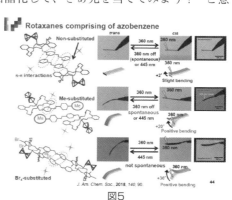

図5

と、……UV 光と可視光で可逆的にベンディングしました。我々は、これら
の結晶は光エネルギーを直接動力に変換できる材料であると提案していま
す。

11 台湾での生活

　私は 2010 年に台湾に来まして、3 人の修士課程の学生と研究室を立ち上
げました。今では 30 人以上の博士課程と修士課程の卒業生がいます。現在
は 3 人の博士課程と 7 人の修士課程の学生と毎日楽しく研究生活を送ってい
ます。彼らの英語力は比較的高く、英語でのコミュニケーションはあまり困
りません。研究室の学生の TOEIC の平均点は 800 点以上あるとのこと。彼
らが毎年台湾内のどこかに旅行に連れて行ってくれるので、楽しみにしてい
ます。

12 終わりに

　健康（身体面＆精神面）は最重要です。あと、海外で自由に研究ができて
いるのも、家族と友人のサポートがあってこそです。英語は必須ですが、専
門技術・知識、ロジックはもっと重要です。この点、私は日本にいたころか
ら東工大の小坂田教授に厳しく鍛えていただきました。今でもその技術や考
え方が役に立っています。皆さんも日本にいる間に学べることは多いです。
あと、楽観さ、鈍感さは大事です。先ほど紹介したように、研究をしていると、
うまくいかないことも多いです。一生懸命実験してせっかく良い結果が出て
も、論文を投稿して何度もリジェクトされることがあります。それでも、朝
起きて、仕事に行きたくないと思ったことはありません。他人にどう思われ
ようと、自分が興味を持ったことに向かって集中できます。学校の試験とは
異なり、1,2 時間で解答を出す必要がありません。5 ～ 10 年に一度くらいは、
驚く結果が出て「世界初」を目撃できます。皆さんが目指す職業の候補の一
つとして、研究職・技術者を考えてみてはいかがでしょうか。最後に、今回
の講演が、将来皆様が海外に行ったり環境が新しくなったりしたときに、問
題解決の手助けとなれば幸いです。

Welcome to Chemistry World! Enjoy Your Future Life as a Researcher!

Chapter 12

第16回高校化学グランドコンテスト
フォトギャラリー

ポスター発表&レセプションパーティー

今回は58校120チームがポスター発表を行いました。研究成果を発表するとともに、他校の研究を見聞きして積極的に質問や意見交換を行いました。

レセプションパーティーでは、海外から招いた高校生ともコミュニケーションを図り、英語と日本語が飛び交うにぎやかな時間になりました。

口頭発表＆表彰式

口頭発表では、大きなステージで少し緊張していた様子でしたが、どのチームも練習の成果を存分に発揮していました。

今年も英語で発表するチームが多く見られました。

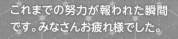

これまでの努力が報われた瞬間です。みなさんお疲れ様でした。

新聞 記事

第16回高校化学グランドコンテスト

文部科学大臣賞

汚染水処理 光合成の力

審査委員長賞

太陽電池 効率高める色素

大阪市長賞

ハルジオンから抗菌物質

読売新聞社賞

吸水量 イオンによって差

三大学学長賞

塩の結晶 正八面体に

審査委員長賞

混ざった粒子 磁石で分離

海外からも3校
台湾、シンガポール

2019年11月25日（月）付けの読売新聞朝刊に、高校化学グランドコンテストの特集記事が掲載されました!!

資料提供：読売新聞大阪本社

第17回 高校化学グランドコンテスト

2020/10/24（土）・25（日）開催予定

会場 大阪市立大学 杉本キャンパス

HP http://www.gracon.jp/gc/gracon2020/

この記事・写真などは、読売新聞社の許諾を得て転載しています。

事務局ワンチームで突破

　はじめに、第16回高校化学グランドコンテスト（以下、グラコン）にご参加いただいた高校生、教員の皆さん、ありがとうございました。そして、ご支援いただきました協賛企業及び後援団体の皆さま、特別講師の堀江先生、司会の伴さん、審査をご担当いただきました先生方、運営スタッフの皆さま、主催関係者すべての方々に心より御礼申し上げます。

　大阪市立大学理学研究科の中沢先生より、この奮闘記の執筆依頼が届きました。執筆しながら今回のグラコンについて改めて思い返すと、寝ても覚めてもグラコンのことを考え、まさに「奮闘」という言葉が当てはまる怒涛の日々でした。

　3年ぶりに大阪に戻ってきたグラコンはスケールアップし、これまで大阪市大で開催したことのない規模となっていました。そんななか、事務局メンバーはグラコン未経験者が集まり、はじめてのことだらけでしたが、みんなで協力し試行錯誤しながら準備を進めてきました。事務局長の小嵜先生とは当初上手く話せず、人見知りの私は、この先生とこれからやっていけるのだろうか…という不安がいっぱいでした。しかし、時間が経つにつれ、関係も良好に築け（たはず）、笑顔で会話してくれるようになったときには、一種の達成感を感じました。

　最終選考会では、あちこち走り回り、もうこれ以上歩けないと思えるほどに足が痛くなりましたが、たくさんの高校生たちが元気に挨拶をしてくれパワーをもらいました。また、ポスター発表や口頭発表を見たり聞いたりすることで、長い時間を費やし研究を進めてきた皆さんの熱い思いを感じました。表彰式では、ステージ袖で客席の様子を窺っていると、賞が発表された瞬間、手を取り合い喜ぶ皆さんの姿が見えました。その瞬間、胸が熱くなり共に受賞の喜びを感じることができたように思います。ここだけの話…終了後は足の指の爪が剥がれていました。痛みはありませんが、なかなか爪は再生されません。きっとこの爪が元に戻るころには、また次のグラコンがはじまっているのでしょうね。

　今回のグラコンは成功も反省もあり、事務局として、そして個人として大きく成長する機会となりました。参加した高校生の皆さんも、日々たくさんのことに挑戦していることでしょう。その結果は良くも悪くも成長につながると思います。グラコンがお互いに成長できる場となるよう、共に今後も取り組んでいきましょう。

　次回のグラコンも大阪市立大学で開催します。皆さんにお会いできること楽しみにしています！

第16回高校化学グランドコンテスト実行委員会事務局
大阪市立大学　大石奈緒

監修者

中沢　浩（大阪市立大学大学院理学研究科特任教授）

1952年生まれ、東京理科大学理学部化学科卒業。1981年、広島大学大学院理学研究科博士課程修了（理学博士）。米国ユタ大学博士研究員、広島大学理学部助手、同助教授、分子科学研究所助教授を経て、2002年より大阪市立大学大学院理学研究科教授、2018年より特任教授。

小嵜　正敏（大阪市立大学大学院理学研究科教授）

1965年生まれ、名古屋工業大学工学部応用化学科卒業。1994年、総合研究大学院大学数物科学研究科構造分子科学専攻博士課程修了（博士（理学））。米国アラバマ大学博士研究員、米国サウスカロライナ大学博士研究員、大阪市立大学大学院理学研究科助手、同講師、同准教授を経て、2015年より現職。

笹森　貴裕（名古屋市立大学大学院理学研究科教授）

1975年生まれ、東京大学理学部化学科卒業。2002年、九州大学大学院理学研究科博士後期課程修了（博士（理学））。京都大学化学研究所、助手、同助教、同准教授を経て、2017年より現職。

「おもしろ化学の疑問」協力：
小林克彰、松谷崇生、土中陽介、増田　朗、長崎　海

イラスト：中屋　梓（表紙）松並良仁（本文）
装幀・本文デザイン：ADS

高校生・化学宣言 PART13
高校化学グランドコンテストドキュメンタリー

2020年4月30日 第1刷発行

監 修 者	中沢浩　小嵜正敏　笹森貴裕

© Hiroshi Nakazawa & Masatoshi Kozaki & Takahiro Sasamori 2020

発 行 所　　株式会社 遊タイム出版
〒577-0067　大阪府東大阪市高井田西1-5-3
TEL 06-6782-7700　FAX 06-6782-5120
＜東京支社＞
〒141-0031　東京都品川区西五反田7-22-17
TOCビル
TEL 03-6417-4105　FAX 03-6417-3429
https://www.u-time.ne.jp/

印刷・製本　　株式会社 アズマ

ISBN978-4-86010-360-6 Printed in Japan